도판으로 보는

장애우 접근 시설 설계지침

- 모든 건물에 장애우 접근성 부여하기

역자 소개

김현철 Hyun Cheol Kim

1981년에 서울대학교 공과대학 무기재료공학과, 건축학과를 졸업하고, 1983년에 동 대학원에서 '도시 무허가 정착지의 건축적 특성에 관한 연구'로 석사학위를 받았다. 이후, 도불하여 Le Corbusier의 진전을 이은 Henri Ciriani에게 건축을 배운다. 1990년 프랑스 국립 파리 벨빌 건축학교(EAPB)를 졸업하였고, 1991년 프랑스 국립 건축사 자격(DPLG)을 취득하였다. 1994년에 프랑스 국립 사회과학원(EHESS)에서 '더 스테일, 조형공간의 탐구'로 예술론 및 예술사 박사학위를 받았다. 1994년부터 서울대학교 교수로 재직하고 있으며 1996년 대한민국 건축사 자격을 취득하였다. 주요 작품으로는 1995년 국립중앙박물관 현상설계 입상(1차 1위, 2차 3위)을 했으며, 광주 광역시청사, 전라남도청사 등이 있다. 주요 저서로 『건축공간 박물관, 몽드리앙의 조형공간론 읽기』가 있다. 2011년 현재 서울대학교 건축학과 부교수로 재직중이다.

EDITIONS LE MONITEUR DEKRA

DEKRA는 자동차, 교통, 산업 분야에서 검사, 인증, 서비스 및 재난 운영을 담당하는 다국적 기업.

MÉMENTO/COLLECTION BÂTIR et VOIR 꼴렉씨옹 바띠르 에 브아르 1

도판으로 보는
장애우 접근 시설 설계지침

다중이용시설 - 공중개방시설

집합주택 - 단독주택

카롤르 르 블로아스 Carole Le Bloas

재료공학, 엔지니어, DEKRA 기술연구소 마감재료 전공주임

김현철 Hyun Cheol Kim 옮김

서울대학교 건축학과 교수, Ph.D., 프랑스 건축사 DPLG, 한국건축사

Spacetime

요약차례

역자 서문

최근 우리나라에서도 장애우 접근성에 대한 관심이 높아지고 있다. 대한민국 건축교육인증원에서는 무장애 설계를 건축 교육 인증 SPC 항목 제 17항에 명기하고 이를 건축교육 5년 과정 중 반드시 지도하도록 규정하였다. (역자가 몸담고 있는 서울대학교는 3학년 설계 스튜디오에서 가르친다.) 그러나 관련 법령은 미흡하고 참고할 안내서도 부족한 실정이다. 2010년 여름, 파리 오데옹Odéon에 있는 건축전문 서점 르 모니뙤르Le Moniteur에서 이 책의 원본 『Accessibilité des bâtiments aux personnes handicapées』을 발견하고 단번에 끌렸다. 일목요연한 해설과 풍부한 도판이 실려있어 건축학과 학생 설계지도에 활용하기 안성맞춤이었다. 그런데 역자는 전공이 설계 디자인과 조형공간이론이다. 굳이 이 책을 번역 출간하는 이유는 무장애 설계 교육을 위해 필요하기도 했지만 장애우 접근성 문제를 단지 장애우의 불편을 해소하기 위한 방편으로만 보는 것이 미흡하다고 생각하기 때문이다. 접근성 문제는 건축물에서 일차적으로 충족시켜야 하는 기본기능 요건일 뿐 아니라 우수한 건축물이라면 반드시 갖추어야 할 공간구성 요소이다. 이것을 장애우 문제로만 보면 최근 경복궁 같은 문화재에서 문턱 있는 곳마다 놓여있는 볼상 사나운 가설 목재 경사로같이 본래 공간을 훼손시키는 요령 부득인 시설이 되어 버린다. 무장애 설계를 좀 더 적극적으로 바라보고 공간적 해결책으로 발전시켜 나아가야하지 않을까?

경사로는 장애우 접근 시설로 가장 많이 쓰이는 건축언어이다. 굳이 이집트 합셋수트여왕 무덤 신전의 장엄한 경사로나 베르사이유 궁전 마당의 유려한 경사로 사례까지 거슬러 올라가지 않더라도 현대 건물에는 훌륭한 경사로 예들이 풍부하다. 르 꼬르뷔제Le Corbusier가 창안한 빌라 사브아Villa Savoye의 빛이 충만한 직선 실내 경사로나, 카펜터 센터Carpenter Center의 S자형으로 휘면서 출입구 역할을 하는 멋진 옥외 경사로가 좋은 예일 것이다. 여기서 경사로는 '건축적 산책Promnade Architecturale' 이라는 그에게 특유한 공간개념을 실현하는 멋진 도구였다. 뉴욕New York 5의 일원이었던 리차드 마이어Richard Mier의 건물에서도 3단 경사로(아테뇌움The Atheneum)나 독립된 경사로 볼륨 (프랑크푸르트 암 마인Frankfurt am Mein의 수공예 박물관)등이 빛이 충만한 역동적 공간 표현에 적극적으로 활용되었다.

경사로가 아닌 다른 예들도 살펴 볼 수 있다. 최근에 렘 콜하스Rem Koolhaas가 장애인 건축주를 위한 주택을 보르도Bordeaux에 설계하면서 주택 한가운데에 승강박스 없이 바닥만 있는 커다란 엘리베이터를 마련하고 엘리베이터 덕트 역할을 하는 사면을 책으로 가득 채운 예가 그것이다. 이 엘리베이터 서재에서 장애인 건축주가 휠체어에 앉아 느린 속도로 올라가는 가운데 느긋하게 책을 꺼내 본다. 전례 없이 편리하고 감동적인 서재가 탄생한 것이다. 장 누벨Jean Nouvel도 이에 질세라 한 수 더한다. 파리 깨 브랑리Quai Branly 소재 아시아 아프리카 인류사박물관 설계안에서 건물 내부 중앙에 고급 가죽을 댄 곡면 안내 벽면을 만들고 여기에 두랄루민으로 된 점자 안내판을 박도록 하였다. 시각 장애인 방문자가 가죽 마감 벽면을 손으로 만지며 따라가면서 손끝에 우아한 가죽

역자 서문

질감을 만끽 할 수 있다. 재료는 북아프리카에서 가공해 온 고급 통가죽이다!! 일반인도 이 벽면을 보면 고급스러운 재질감에 끌려 자기도 모르게 손을 대어본다. 장애인을 위한 시설을 멋지게 승화시킨 작품 중 압권이다. 이들은 모두 무장애 설계의 일환으로 기능적 접근성을 뛰어 넘는 독특하고 극적인 공간을 만들어 낸 예들이다. 장애우에 대한 고심 끝에 역지사지(易地思之)랄까 새옹지마(塞翁之馬)랄까 건축가가 더 큰 자극을 받고 창조적인 영감을 얻게 된 것이리라.

이 책으로 돌아와 보자. 이 책의 저자는 서론에서 무장애 건축을 '접근성' 의 개념으로 '접근' 하였다고 밝히고 있다. 프랑스에서 2005년 2월 11일 '권리와 기회 평등법' 을 제정할 때 '접근성' 이 가장 중요한 개념이었다. DEKRA는 신축 및 증·개축 건물이 '접근성' 개념 규정에 부합하는지 확인하고, 자동차, 교통, 산업 분야 등 각종 건축 공간에서 '접근성' 을 향상시키기 위한 검사, 인증, 서비스 및 재단 운영 활동을 담당하는 다국적 기업이다. 저자인 카롤르 르 블로아스Carole Le Bloas는 DEKRA에서 접근성 검수 작업을 하는 책임주임기사이다. 프랑스 전국에 걸쳐 활발히 활동을 하던 그녀는 동료직원들이 신속하고 일관되게 업무를 추진할 수 있도록 일목요연한 지침 요강이 필요함을 느낀다. 이것을 내부 회람자료로 만들었는데 입소문을 타고 퍼져 관련 공무원, 건축가, 건설 기술자들이 너도나도 이 자료를 요청하기에 이르렀다고 한다. 이에 프랑스 최대 유일의 건축건설전문 출판사 레 제디씨옹 르 모니뙤르Les Éditions Le Moniteur가 나섰다. 매뉴얼 식으로 되어있던 회람자료에 간결하고도 효율적인 도판을 추가 하였고 현장에 가지고 다니기 쉬운 판본으로 출간하여 세간의 인기를 끌게 되었다(본 한국어판에서도 본문이 길어지는 불한 번역 특성에도 불구하고 원저자의 의도를 살려 판형을 그대로 유지 하였다).

학교에서나 건축 설계사무실이나 또 현장에서 이 자료를 잘 활용하여 장애우들이 쉽게 건축 공간에 '접근' 할 수 있도록 하면서 일반인에게도 감동적인 '접근성' 공간 사례들이 많이 만들어졌으면 좋겠다. 우리나라에서도 프랑스 장애우 관련 법령에 못지않은 치밀하고 우수한 법령들이 속히 제정 되었으면 하는 바람에서 매 도판 상단에 있는 프랑스 관련 법규 조항 참조 표시를 그대로 살려두었다. 우리나라 법령에 바탕을 두고 장애우 접근성을 해결하면서 공간적으로 우수하고 감동적인 멋진 설계안이 많이 나왔으면 좋겠다.

이 책을 냄에 시공문화사 김기현 사장님과 박종호 이사님, 서울대 공간조형설계 연구실의 문성준 조교, 류롱학, 윤해환, 조대희 연구원들이 많은 시간과 노력을 보태 주었다. 이 자리를 빌어 감사드린다.

2012년 3월 20일

관악산 39동 건축학과 조형공간 연구실에서

역자 : 김 현 철, Hyun Cheol Kim

추천의 글

권리와 기회균등을 위한 법령(2005.2.11) 포고 이후 접근성 개념은 건축가와 건설업계에 초미의 관심사가 되었다.

건설 부문에 ≪녹색 혁명≫(에너지 효율, 신재료, 신장비 등)이 가시화될 무렵, 접근성 관련 새 법령이 제정되었다. 이제부터는 모든 건축물이 수행성, 기능성, 건물수명 등의 차원에서뿐 아니라 모든 이들에게 젊고 늙음과 각자의 장애 정도에 차별 없는 응접과 편의를 제공한다는 측면도 검토하여야 한다. 더구나 이에 부응한 대응책들은 장애의 유무를 떠나 그 접근 용이성과 사용 편리성 관점에서 사용자 각자의 다양한 상황에 유용하게 활용될 수도 있다.

1975년 법령에서 비롯된 이들 새 규정은 훨씬 엄격하게 적용되며 완공시 법령에 조금도 어긋남이 없어야 하고 어떠한 부족함도 허용되지 않는다. 따라서 이 법령은 건설에 관여한 모든 분야에서, 착공에서 완공에 이르는 전 단계에 걸쳐 완수되어야 하고 심지어는 높이, 건물배치, 전체크기와 상세크기뿐 아니라 기술 설비나 피복제, 색깔 등 기본적 선택방향 대부분을 결정한다.

이 요약 안내서는 새 법령 규정조항 자체와 이에 수반되는 파생적 의미를 동시에 쉽게 파악하도록 만들어졌다. 이 책의 내용은 법령과 그 주석을 주의 깊게 읽은 결실일 뿐 아니라 이 분야에 대한 DEKRA 엔지니어들의 모든 경험의 집결체이다. 접근성 문제에 정통한 DEKRA 감독관, 진단 전문가들은 실제로 건설 기술 감독, 접근성 진단, 혹은 완공 보고서 작성활동 등을 통해 매일매일 새 법령을 적용한다.

추천의 글

이들은 현장 소장, 건축가, 설계 사무소, 특정 디테일 제작 기업이 현장에서 활용될 때 야기되는 어려움이 어디에 있는지 잘 알고 있다. 각 분야 실무 관련자들의 기다림에 부응하여 DEKRA 건설 토지부 기술 연구소에는 내부 회람용 '현장 비망록' 을 마련하기에 이르렀다. 이 책자는 건설 분야 종사자들에게 커다란 반향을 일으켰다. 레제디씨옹 뒤 모니뙤르 Les Editions Le Moniteur는 이에 부응하여 모든 이들을 위해 엄청난 삽화 작업이 필요했던 이 책의 출간을 결정하였다.

저자인 카롤르 르 불로아스 Carole Le Bloas는 DEKRA의 기술연구소 산하 재료 엔지니어이자 내장 공사 전문가이며 2005년 이후 접근성에 관련된 새 법령 수립에 국가 기술 감독관의 자격으로 활발히 활동하였다.

저자는 건축가와 건축주, 건축 시공자, 기술 감독관 등에게 수차례에 걸쳐 연수 교육을 실시하였고 스스로 여러 복합 건물의 접근성 진단과 감독, 자문으로 활동하였다. 이 저서를 잘 집필하기 위하여 저자는 DEKRA에 관련된 여러 엔지니어로부터 피드백을 받았다. 특히 리옹 Lyon 사무소장이자 Lyon CETE가 실시한 접근성 문제 연구 모임의 참여자인 필리쁘 메가스 Philippe Mégas, 스트라스부르 Strasbourg의 사업부 대표이자 감독관인 쟈비에 아멜린느 Xavier Ameline, 외부 창호와 입면에 대한 전국적 전문가이자 CSTB 소속 창호와 유리 부재부(GS6) 전문 그룹의 대표인 삐에르 마르뗑 Pierre Martin의 이름을 밝혀두고자 한다.

아무쪼록 이 저서를 통해 접근성 관련 주요규정에 대해 보다 더 잘 '접근' 할 수 있게 되기 바란다.

드니 마리이에 Denis Marillier

DEKRA 건설 토지부 기술 연구소장

들어가는 말

장애우의 권리, 기회균등, 참여권과 시민 권리를 위한 법령 n° 2005-102(2005.2.11) 규정이 최근 강화되면서 공공 혹은 민간 건물과 집합주택 공사자와 건축주에게 엄청난 의무 준수 사항이 부과되었다. 법령은 장애 개념을 확대하여 신체, 감각, 인식, 정신, 심리를 망라한 모든 종류의 장애를 고려하게끔 하였다. 법령은 또한 장애우의 건물 접근성 적용 영역을 확대하여 단독주택에서도 이를 고려하여야 하고 기존 집합주택에서는 2015년 1월 1일까지 관련규정에 부합하도록 개선해야 한다.

목적에 부응하기 위하여 준수사항들이 시행명령 n° 2006-555(2006.5.17)와 시행규칙 및 지도지침에 정해져 있다. 과중한 새 법령에 대응하기 위하여 이 요약 편람에서는 법령의 전체구성을 파악하게 함과 동시에 해설 및 권고 사항을 수록된 수많은 삽화를 통하여 기술적 제안을 교육할 수 있도록 했다. 이 요약 편람은 두 축으로 구성되어 있다. 우선 일람표와 도표를 통하여 법령에 도입된 개념 즉 법령문, 주요정의, 적용 의무사항, 수행절차 등을 요점 정리하여 두었다. 다음으로는 건축에 적용 가능한 기술 제안 내용을 보여주는 도판을 모든 건축물에 공통으로 적용할 수 있는 제안으로부터 시작하여 다중이용시설과 집합주택 그리고 개인주택에 적용해야 할 특수사항 순으로 수록하였다.

건설에 관련된 모든 관계자가 현장에 가지고 다닐 수 있는 크기로 고안된 이 책을 통해 법령자료에 쉽게 접근하고 언제라도 그들의 의문점에 대한 해결책을 발견할 수 있기 바란다.

줄임말 보기

BHC	집합주택
CCH	건설 및 주택법
CETE	시설기술연구센터
CSTB	건축물과학기술센터
DGUHC	도시주택건설국(현재 DHUP)
DHUP	주택도시조경국
DTU	통합기술자료
ERP	다중이용시설
IOP	공중개방시설
JO	정부고시일보
MI	단독주택
NF	프랑스표준
PLU	도시지구계획
PMR	이동부자유자

이 책의 활용법

도판번호

해당장 제목

도판제목

참조 법조항

시각, 청각, 음향성능 및 구비 등을 그림 문자로 표시

법령규정: 검정 글씨로 표시

저자 추천, 설명, 해석 제시

기존 건물에 구조적 제약이 있을 경우 가능한 완화 조치: 이텔릭체로 표시

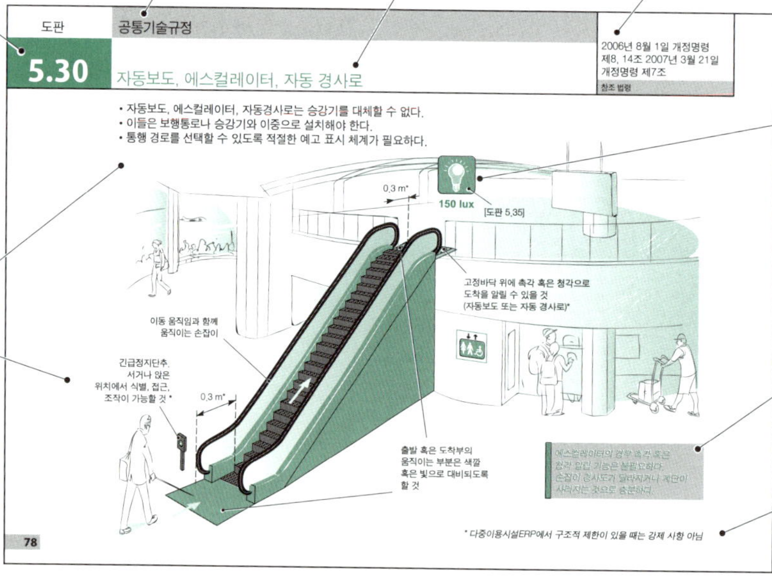

1
법령체계

1.1 다중이용시설ERP과 공중개방시설IOP 적용 법령 체계

법령 n° 2005-102 (2005.2.11)
장애우의 평등권과 기회균등, 참여권 및 시민권 보장을 위한 법령 제41조 (건설 및 주택법111-7~111-7-4)

시행령 명령 n° 2006-555 (2006.5.17), 개정명령 n° 2007-1327 (2007.11.11), 개정명령 n° 2009-500 (2009.4.30)
다중이용시설ERP, 공중개방시설IOP, 주거용 건축물
(법령 R.111-18~118-18-11과 건설 및 주택법CCH, 법령R.111-19~R.111-19-30)

다중이용시설ERP - 공중개방시설IOP

조례 2006년 8월 1일, 개정조례 2007년 11월 30일, 다중이용시설ERP과 공중개방시설IOP 건설 및 창작 (건설 및 주택법CCH R.111-19조에서 R.111-19-3조 와 R.111-19-6조 적용)

조례 2007년 5월 9일 기존 주택 내에 설치된 자유 직종(건설 및 주택법CCH R.111-19 적용)

조례 2007년 3월 21일 기존 다중이용시설 ERP 법적 기준 충족을 위한 개량 공사(건설 및 주택법 CCH R.111-19-7 적용)

법령 미수록 사항: 신축 및 기존 다중이용시설ERP 보완적 사항

- **체육시설 야외설치 다중이용시설ERP** (건설 및 주택법 R.111-19-4, 111-19-11적용)
- **접근성 규칙** 교환, 군사시설, CTS, SG, OA, REF, EF 유치시설 (건설 및 주택법 R.111-19-5, 111-19-12적용)

조례 2007년 3월 22일 개정조례 2007년 12월 5일 장애우 접근성 관련 법령이 적용되는 특정 공사에 관련된 사항 (건설 및 주택법CCH R.111-19-27, R.111-19-28 적용)

도시주택건설국DGUHC 부처간 회람
n° 2007-53 (2007년 11월 30일)
다중이용시설ERP과 공중개방시설IOP 및 주택건물 접근성 관련 기준 다중이용시설ERP과 공중개방시설IOP

부칙8
다중이용시설ERP과 공중개방시설IOP의 건설 및 창작
부칙 10
기존 다중이용시설ERP과 공중개방시설IOP

도판 1.2

주거 건축물 적용 법령체계

2005년 2월 11일 법령 n° 2005-102
장애우의 평등권과 기회균등, 참여권 및 시민권 보장을 위한 법령 제 41조
(건설 및 주택법 111-7~L.111-7-4)

↓

시행령 명령 n° 2006-555 (2006.5.17), 개정명령 n° 2007-1327 (2007.11.11), 개정명령 n° 2009-500 (2009.4.30)
다중이용시설ERP, 공중개방시설IOP, 주거용 건축물
(법령 R.111-18~118-18-11과 건설 및 주택법CCH 법령 R.111-19~111-19-24)

↓

주거 건축물

↓

조례 2006년 8월 1일, 개정조례 2007년 11월 30일, 다중이용시설ERP과 공중개방시설IOP 건설 및 창작
집합주택BHC과 단독주택MI
(건설 및 주택법CCH 법령 R.111-5와 R.111-18~111-18-7 적용)

조례 2007년 2월 26일
기존 집합주택BHC과 기존 건축물에서 용도 변경에 따른 공사
(건설 및 주택법CCH 법령 R.111-18-8~111-18-11 적용)

조례 2007년 2월 26일
기존 집합주택BHC 내 공사를 감안한 공사비
(건설 및 주택법CCH 법령 R.111-18-9 적용)

2007년 3월 22일 개정명령과 2007년 12월 5일 명령
장애우 접근성 관련 법령이 적용되는 특정 공사에 관련된 사항
(건설 및 주택법CCH 법령 R.111-19-27, R.111-19-28 적용)

↓

도시주택건설국DGUHC 부처간 회람 n° 2007-53 2007년 11월 30법령
다중이용시설ERP과 공중개방시설IOP, 주거용 건축물의 장애우 접근성 관련

부칙6
신축 집합주택BHC
부칙7
건축주가 직접 사용하기 위해 지은 주택을 제외한 신축 단독주택MI
부칙9
기존 집합주택BHC

1.3 접근성의 정의

접근성은 모든 이가 일상생활을 영위하기 위한 기본조건이다.
그러한 점에서 접근성은 환경의 질과 성능을 구성한다.
주거와 공공 공간, 교통 기관에 대한 접근성은 모든 사람이 충분히 자율적으로 이들 시설을 사용할 수 있도록 한다.
접근성을 통해 능숙한 사람과 장애가 있는 사람, 환경이 서로 조응한다.

장애 요인 일체를 고려함

법령 n° 2005-102 (2005.2.11) 제2조에서는 움직임에 관련된 장애뿐이 아니라 모든 종류의 장애로 확대하고 또한 장애가 지속적이거나 결정적인 것 모두에 해당한다고 재정의 하였다.

시각 결함

- 판독 쉽게 하기, 특히 대형 활자 사용
- 경고 메시지 음성 병용 이중화 (인터폰, 승강기 응급체계 등)
- 촉각 정보에 의한 탐지
- 색채 대비를 통한 장애물 확인
- 적절한 조명

청각 결함

- 시각 표기를 병용하여 메시지 이중화 (인터폰, 승강기 응급체계 등)
- 자기유도 문고리

심리적 결함, 인식 결함, 정신적 결함

- 그림 기호와 기호사용

동작결함(이동성, 도달성, 잡기)과 이동성 저하자

- 휠체어를 이용하여 환경 내 이동보장:
  크기 관련규정, 접근능력 관련규정 등

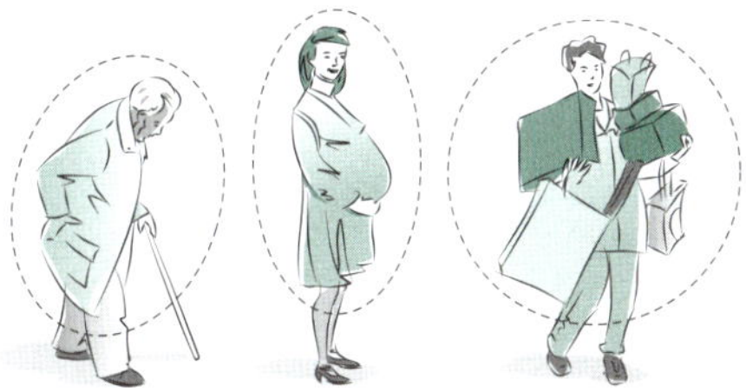

각종 장애에 적절한 개선 예는 이 책 전반에 걸쳐 소개된다.

1.5 이동 사슬 연속성

법령 n° 2005-102 제 45조
참조 법령

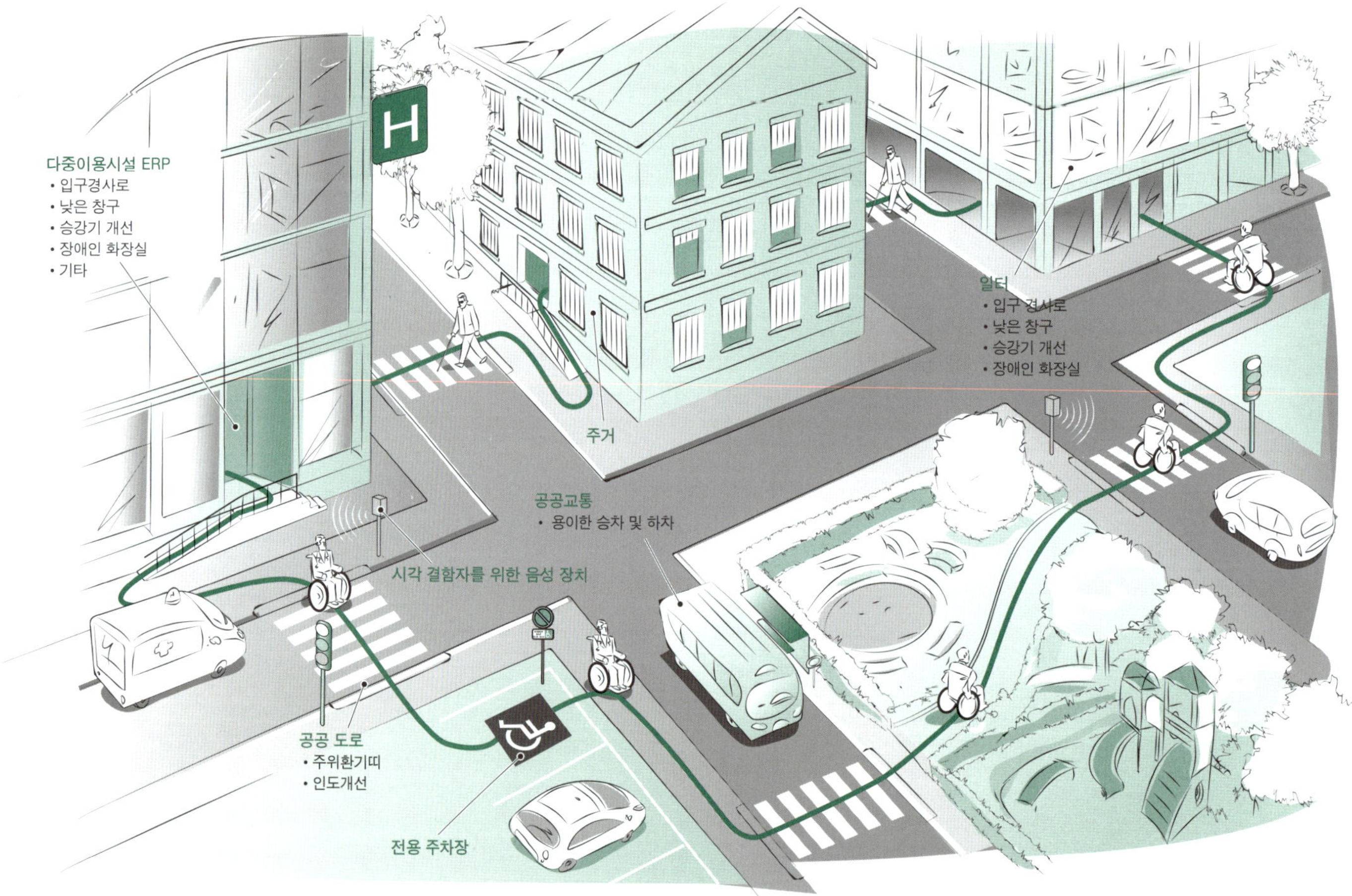

2

다중이용시설ERP 적용 의무사항

도판

다중이용시설ERP 적용 의무사항

2.1 용도 변경에 따른 다중이용시설ERP의 건설과 용도변경

건설 및 주택법CCH R.111-19~111-19-5
시행명령 n° 2006-555
제13조 시행규칙 2007년 5월9일 제1조

참조 법령

공사허가 혹은 착공계 제출시기

2007년 1월 1일

2011년 1월 1일

공사 종류	적용 규정	
다중이용시설ERP 건설	개정명령 2006.8.1	
용도 변경에 따른 다중이용시설ERP 건설	개정명령 2006.8.1	
기존 주거 내부에 자유직용 5종 다중이용시설ERP 창작	기존 접근성 조건 유지	개정명령 2006.8.1 구조적 문제 있을 경우 완화 가능*
기존 주택의 용도 건축물 내 자유직용 5층 다중이용시설ERP 창작	개정명령 2006.8.1	

*구조적 제약은 접근성 개념 내에서 정당화 되어야 한다.

기존 다중이용시설ERP 공사

공사허가서 혹은 착공계 제출시기

공사종류		2007년 1월 1일 ~	2011년 1월 1일 ~	2015년 1월 1일 ~
		적용규정		
바닥면적 혹은 새 공간 용적 창작		개정명령 2006.8.1		
용도 변경 없는 변경 공사	1종 다중이용시설ERP	개정명령 2006.8.1 구조적 문제 있을 경우 완화 가능 *		개정명령 2006.8.1
	5종 다중이용시설ERP	기존 접근성 조건 유지		개정명령 2006.8.1 구조적 문제 있을 경우 완화 가능 *
	2007년 1월1일 이후 자유직용 공간으로 용도 변경된 5종 다중이용시설ERP	기존 접근성 조건 유지		개정명령 2006.8.1 구조적 문제 있을 경우 완화 가능 *

*구조적 제약을 접근성 개념 내에서 정당화 되어야 한다.

도판

2.3

다중이용시설ERP 적용 의무사항

기존 다중이용시설ERP 적용 유예 기간

건설 및 주택법CCH 111-19-8, 111-19-9 시행명령 n°2006-555, 제12조와 13조 시행규칙 2005년 3월21일, 제2조 시행규칙 2007년 5월9일, 제1조

참조법령

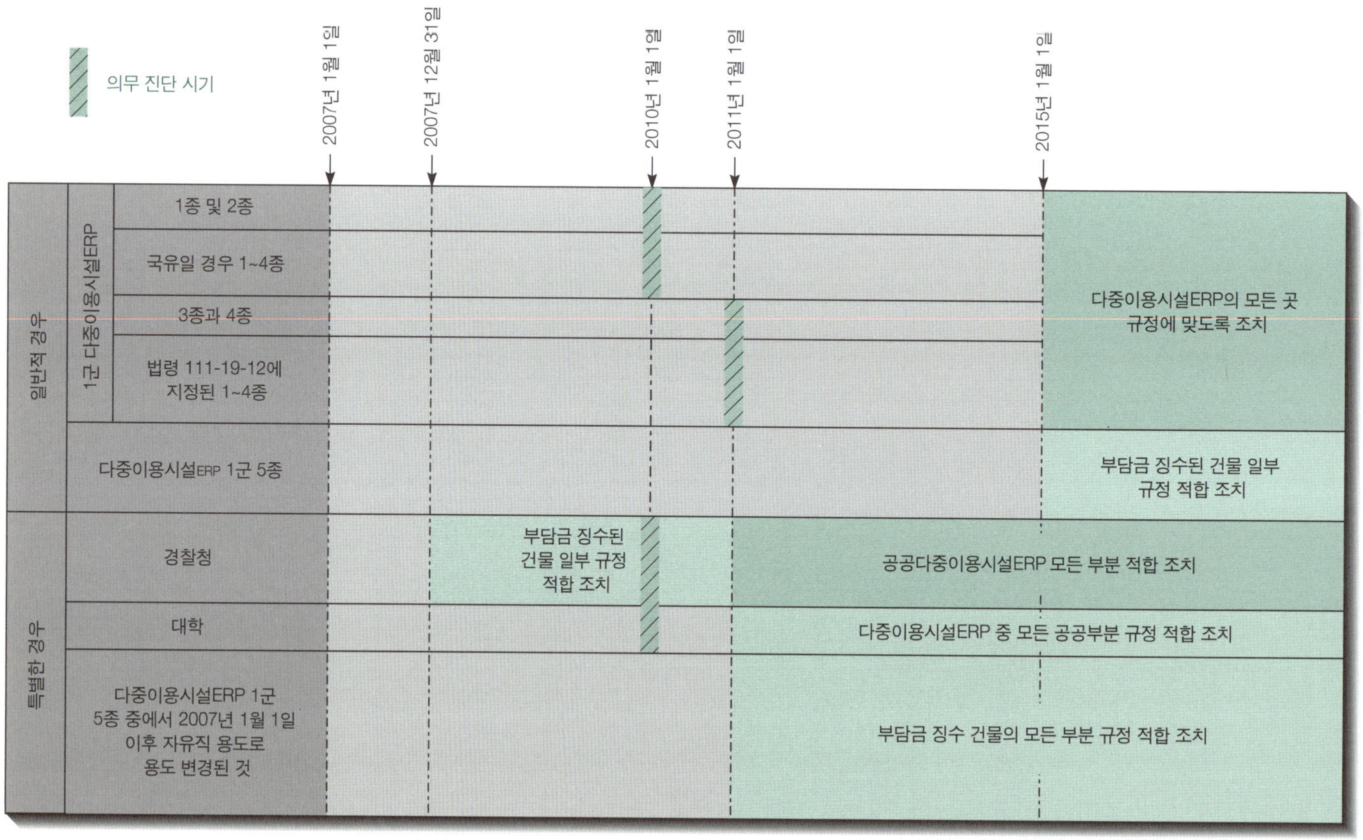

건설 및 주택법CCH 111-19와 111-19-12

참조법령

기존 시설의 접근성 개선을 위한 진단

어떤 다중이용시설ERP인가?	1군 다중이용시설ERP 전체 (5종 다중이용시설ERP에는 의무사항 아님)
누구의 관할인가?	관할 관청 혹은 시설 사용권자
언제까지인가?	2010년 1월 1일 이전: • 1종과 2종 다중이용시설ERP (건설 및 주택법CCH 111-19-12에 적시된 시설* 제외) • 국가소유 다중이용시설ERP 1~4종 2011년 1월 1일까지: 나머지 모든 경우 (건설 및 주택법CCH 111-19-12에 적시된 1~4종 다중이용시설ERP도 포함)
누가 하는가?	건축가에게 건축물의 접근성 분야에 적합한 교육을 받았다는 증명을 제시할 수 있는 사람
내용은?	• 시설 접근조건 현장 확인 • 건물과 주변부에 접근성을 부여하기 위한 공사 일람 • 공사비 개략 견적
누구에게 신고하는가?	• 관할관청에 신고할 법적 의무는 없음 • 시설 사용자들이 사용할 수 있도록 조치해야함

* 교도소, 군사시설, 구치소, 감호시설 등 "특수" 시설 이라 불리는 것

2.5 다중이용시설ERP 공사허가 신청 개선

건설 및 주택법CCH 111-19-16, 111-19-26
시행규칙 2007년 9월 11일
참조법령

어떤 경우에 하는가?

2007년 10월 1일 이후 제출된 모든 공사 허가

누구에게 신고하는가?

- 경우에 따라 시장이나 도지사에게
- 공사허가권자는 결정 전에 전문위원회의 자문을 구할 것
- 허가는 공사 내용이 접근성 규정에 적합할 때만 허용됨

신청 내용은?

- 허가서류에는 해당공사가 접근성 규정에 부합한가를 확인할 수 있는 특별 양식서를 포함해야 한다. 이 서류는 2007년 9월 11일 포고령(접근성 권고사항 포함)에 표기된 모든 요소를 포함해야 한다.
- 완화 요청서[도판 4.1]는 위 서류와 함께 제출해야 한다.
- 시공허가를 얻기 위한 경우에는 시공허가요청서가 (접근성 관련)공사 요청서에 갈음한다.

허가 획득소요 기간은?

서류 제출로부터 5개월 이내, 기간 이후까지 회신이 없을 경우 도지사로부터 연기신청이 거절된 경우를 제외하고 공사 허가 신청이 수용된 것으로 본다.

‘접근성’ 관점에서 본 다중이용시설ERP의 준공허가 및 개장

공사허가 요청서 접수

2007년 1월 1일 이전	2007년 1월 1일 ~ 2007년 9월 30일 (포고 n° 2006-555)	2007년 9월 30일 이후 (포고 n° 2007-1327)
	공사허가서가 수반된 공사	**공사허가서 수반된 공사**
• 5종 이외의 모든 다중이용시설ERP에 대해 접근성 위원회의 검수방문이 실시됨	• 허가서 첨부 필수[도판 4.4] • 검수방문은 없음, 준공 및 개장 허가는 제출	• [도판 4.4]에 표기된 증명서 제출의무 • 검수방문은 없음, 준공 및 개장 허가는 제출
	공사허가서가 수반되지 않은 공사	**공사허가서나 개장허가서 없는 공사**
• 준공허가는 주무관청이나 도지사 혹은 시장이 위원의 결정의견에 따라 내린다.	• 증명서 제출은 의무사항 아님 • 다중이용시설ERP 1군과 5종에 숙박시설이 있을 경우에는 접근성 위원회의 방문이 필요하고 허가는 전문위원회의 의견에 따라 주어진다.	• 증명서 제출 의무 사항 없음 • 해당 위원회의 의견 제출 이후 개장 허가서 발부 • 다중이용시설ERP 제 1그룹에 대해서는 현장 방문 이후 개장 허가 • 다중이용시설ERP 제 5그룹에 수면을 위한 공간이 있는 경우 현장방문 의무사항 아님

2.7 재해 시 대피와 안전대피 공간

건설 및 주택법CCH 123-2와 123-4 2009년 9월 24일 명령 다중이용시설 재난 관련 규정 GN8조, GN10조, CO 57조, CO 58조와 CO 59조

참조법령

다중이용시설ERP의 재해안전규정 GN 8조는 장애우 대피원칙과 신속히 대피시켜야 함을 명시하고 있다.

- 대피활동 양상을 고려하고 대피에 참여하는 인명이 항상 참여할 수 있도록 조치
- 공사 허가원 부기에 첨부되는 안전 지침서에 위 사항을 명기
- 각 층에 피난 대피 시설 마련
- 출구나 안전대피공간까지 이르는 통로를 이용 가능하도록 고안
- 고립된 장소를 이용하는 어떤 경우이거나 장애의 종류에 상관없이 인식될 수 있는 안전경보 장치 설치
- 건축가와 안전위원회가 제시한 해결책을 사용자가 알 수 있도록 유지
- 장애의 여러 가지 양상을 고려해서 대피 과정과 대피 안내판을 만들 것

재해안전규정 GN 8의 구판에서는 시설물 유형별로 장애우가 유사시 대피하거나 피난할 수 있는 특정한 크기들을 유출해 낼 수 있도록 유효규정 한도 범위를 규정하였었다. 그러나 2010년 1월 24일부로 적용되는 2009년 9월 24일 법령의 GN 8을 개정하면서 한도 범위는 폐지되었다. 즉, 다중이용시설인 모든 건축물과 재해안전규정 GN 10의 조건에 적합한 개량공사인 경우 장애우의 직접피난과 경우별로 차별화한 대피에 필요한 이 새 규정을 준수하여야 한다.

안전 대피 공간

- 최소 2개소(만일 계단 1개소만 필요할 경우, 안전 대피 공간 1개소로 허용)
- 계단 가까운 곳
- 법령 CO 43조와 49조에서 규정하는 바에 최대거리규정에 적합한 한도 내 도달 거리
- 재해 시 보호 조치에 규정되지 않은 다른 가능한 조치(CO 58조)

층별 대피 시설 숫자

- 휠체어 탄 장애우 1명 수용
- 층별 수용인원이 50명보다 적을 경우 2명분
- 층별 수용인원이 50명 이상일 경우 2명분 자리 + 50명마다 1명 분 자리
- 대피 시설은 각 층에 각 위치 당 최소 2명분 자리 이상을 설치하여 분산 배치

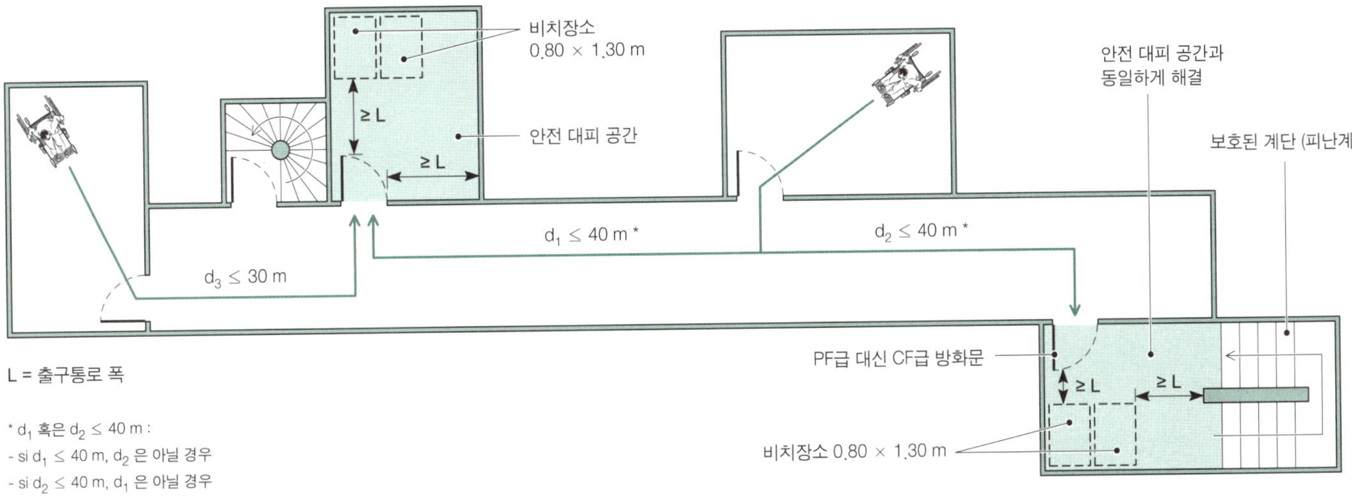

다음과 같은 대안해결도 가능하다

- 보호구역 개념 사용
- 지구개념(Secter) 사용
- 방화성능 PF급 대신 CF급 방화문으로 보호된 계단참의 면적을 늘림
- 화염으로부터 인명을 최소 1시간동안 보호할 수 있도록 외기에 면한 공간 제공
- AS4와 AS5 조항에 명시된 원칙 (피난처+보호된 계단(피난계단))사용

** 내부에 있는 사람이 자신의 존재를 알릴 수 있어야 한다(구조대원이 볼 수 있도록 시선이 열린 창문 혹은 인터폰 등).

다중이용시설ERP 적용 의무사항
재해 시 대피와 안전대피 공간

안전 대피 공간의 특성

● 충분한 수용 능력
● 벽면과 동일하고 잠금장치가 부착된 화염 방지문
● 벽면 내화 성능
- 화염 차단 1/4시간
- 건물이 SF 1/2시간 일 경우 화염 차단 1/2시간
- 건물이 SF 1시간 일 경우 화염 차단 1시간
- 건물이 SF 1시간 1/2 일 경우 화염 차단 1시간
● 연기에 대한 보호와 배연
- 휠체어에 앉은 사람이 조작할 수 있도록 설치한 스위치로 입면 쪽으로 배연할 수 있는 공간
- 연기로부터 보호된 공간
- 배연되는 공간
● 비상조명
● 신호표기와 출입
- 내부에 위치한 사람에게 식별가능하고, 외부 구조대가 구별할 수 있는 표지
- 공간으로 출입이 자유로울 것
- 조작하여 열 수 있는 개방장치
● 구조수단
- 평면 개념도가 설치된 공간
- 공간 내부에 일시 대기실
- 스프링클러 소화 시설

- 내부에 사람이 있음을 알릴 수 있는 표시 장치(구조대가 볼 수 있는 창문, 인터폰, 구조시설이 있을 경우 위급상황 내용과 위치를 알릴 수 있는 호출 단추)

3
주거건물 적용 의무사항

도판 주거건물 적용 의무사항

3.1 주거 건설 공사

건설 및 주택법CCH R111-18~R111-18-2와 R111-18-4~R111-18-6
포고령 n° 2006-555 제12조

참조법령

건축 허가증과 착공계 제출 날짜

2007년 1월 1일 / 2008년 1월 1일 / 2010년 1월 1일

공사 형태	적용 규정
집합 주택 건설	2006년 8월 1일 개정명령
임대용 혹은 처분용 또는 판매용도로 단독주택MI을 건설할 경우(건축주 자신이 사용할 목적으로 건설할 경우 제외)	2006년 8월 1일 개정명령
구조 변경 없이 추후에 엘리베이터를 설치할 때	2006 8월 1일 개정명령
발코니 접근	2006 8월 1일 개정명령
간단한 개량을 통해 접근 가능한 샤워를 설치할 경우	2006 8월 1일 개정명령

기존 집합주택BHC 공사

주거일 경우 접근성 개량 재공사가 의무적이지 않으나 다중이용시설ERP에서는 의무적이다.

예를 들어 사무용 건물 같은 기존 건물 내 용도 변경일 경우 접근성 규정에 따른다.(아래에 표기한 공사 종류와 규모에 따른 적용 규정 일람표 참조)

단, 단독주택MI를 건설할 경우[도판7.1] 접근성 규정은 적용되지 않는다. 유지보수공사일 경우 규정에 따르지 않는다. 예를 들어 인터폰 수리 공사를 할 때 그것을 비디오 폰으로 바꿔야 한다는 규정에 따를 필요가 없다.

건축허가증과 착공계 제출 날짜 2007년 1월 1일

공사 형태	적용 규정
기존 바닥이나 공간 규모 내 내부 공사	기존 접근성 조건 유지
- 공공 공간 내 바닥 면적과 공간 규모 증축 - 주거 신축(주거 내부에 설치할 경우 제외)	2006년 8월 1일 개정명령
공공 통행 공간이나 공용 장소, 공용 시설 개선 공사 (주거 내부에 설치할 경우 제외)	구조적 문제가 있을 경우 2006년 8월 1일 개정명령의 완화 규정
기존 바닥판 표시 체계 변경, 계기판, 기존 엘리베이터 비상알림창치 개량공사	2007년 2월 26일 명령 제 5조
공사비가 기존 건물 가격의 80%를 넘을 때(2007.2.26 공사비에 관한 명령) • 내외부 공용 부분(이 부분이 공사 목적이 아니라 하더라도) • 공사위치가 사유 주차장, 헛간, 창고일 경우 • 공사 장소가 주거일 경우 기존 엘리베이터	2006년 8월 1일 개정명령

3.3 기존 주택 내부에 임시거주주택이나 계절휴양주택 설치 시 완화 요청

건설 및 주택법CCH R111-18과 R111-18-7
2006.8.1 개정명령 제16조
국가원로원 포고 2009.7.21
참조법령

이 완화 규정은 임시 거주 주택이나 계절 휴양 주택이고 지속적으로 유지 보수 관리될 때 적용할 수 있다. 특히 학생용 주거, 관광 임대 주거, 사회 복지 용도 호텔과 사회적 주거이며 거주 기간이 짧은 경우가 해당한다.

이 완화 규정은 주거의 5%만이 2006.8.1 개정명령의 제 11조~15조로 규정 내용을 충족시키고 다음 보완규정에 호응할 경우에 해당한다.

- 건설할 때부터 문 열림 여유 공간 밖에 있고 크기가 1.30×0.80m인 사용 공간이 변기 옆에 있을 때
- 화장실 옆에 지지대가 있을 때
- 준공 시부터 장애우 접근 가능한 샤워와 지지대가 있을 경우
- 휠체어에 앉은 사람이 다리를 통과시킬 수 있도록 여유 공간이 세면대와 개수대 아래에 있을 때
- 조리 장비와 조작반이 휠체어에 앉은 사람이 사용할 수 있도록 설치되어 있을 때
- 휠체어에 앉은 사람이 접근할 수 있는 각 생활공간마다 옷장 시설이 있을 때

생활공간에 관한 사항 [도판7.11~7.19]만이 완화 규정 적용 대상이다.

국가 원로원 포고 2009.7.21에 따라 신축 건물에서 완화 규정을 삭제한다. 따라서 신축 단독주택MI이나 집합주택BHC에서는 주거 5%만 접근성에 부합해도 된다는 완화 가능성은 전혀 없다.

법적 수속 절차 4

4.1 완화 절차

건설 및 주택법CCH R. 111-18-3, R. 111-18-7, R. 111-18-10, 111-19-10, R. 111-19-23, R. 111-19-24
국가자문회의의 2009년 7월 21일자 훈령
참조법령

건축주는 건축공사 허가권자(도지사 혹은 시장)에게 다음 사항을 기재하여 완화 요청한다.

- 완화 적용 받기를 원하는 법령규정:
- 프로젝트에서 완화 규정 받기 원하는 내용
- 다중이용시설ERP이 공공시설로서 사용되는 경우 그 대체 조치 사항

완화 요청 제출	도지사나 시장의 답변 시한	시한 초과 시까지 대답이 없을 경우
2007년 1월 1일부터 2007년 9월 30일까지	2달	완화 요청 수락으로 간주
2007년 10월 1일 이후	3달	완화 요청 수락으로 간주

공공시설로서 사용되는 다중이용시설ERP란 다음 각 호에 해당하는 시설물을 가리킨다.
- 지역공공시설에 속하고 공공단체를 수용하는 시설
- 공공서비스를 위임받는 단체 수용 시설

대체 조치 사항은 다음 사항에 해당 할 수 있다.
- 구조적 조치 사항: 예를 들어 장애우 접근이 불가능한 장소에 적용할 임시적 조치 제안 등
- 공간 조직에 관한 조치 사항
- 인적 조치 사항(예를 들어 보조해 줄 수 있는 인원 배치 등)

⚠ 신축 건물에서는 완화 규정 적용 금지

건설 및 주택법CCH R. 111-18-3, R. 111-18-7, R. 111-18-10, 111-19-6 도시주택건설국DGUHC n°2007-53 회람 국가자문회의 2009년 7월 21일자 훈령

참조법령

완화를 얻을 수 있는 사항

완화 요구 동기		신축 집합주택BHC	기존 집합주택BHC	신축 단독주택MI	신축 다중이용시설ERP/공중개방시설IOP		기존 다중이용시설ERP와 공중개방시설IOP 허용
			- 용도 변경에 따른 것 포함 - 건축물 가치의 80% 이상에 해당하는 공사가 진행된 것 포함		신축건물	기존 건물 내에 용도 변경된 부분이 생겼을 경우	
기술적 불가능	대지특성상	불허	허용	불허	불허	허용	허용
	기존 구조물 존재	불허	허용	불허	불허	허용	허용
		불허	허용	불허	불허	허용	허용
문화재 보존		-	허용	-	-	허용	허용
		-	허용	-	-	-	허용
		-	허용	-	-	-	허용
활동에 악영향 혹은 이익과 손해 불균형		-	허용	-	-	-	허용
특별한 경우		불허	허용	불허	-	-	-
		불허	-	-	-	허용	허용
		불허	허용	-	불허	허용	허용

국가자문회의의 결정에 따라, 신축건물과 기존건물은 구분하되 증축공사는 신축공사와 동일한 것으로 간주한다. 반면 기존건물의 내부에 증축하는 경우 예를 들어, 중간층(메자닌) 증축, 다락방 개량 등의 경우는 계속해서 완화규정을 적용받는다.

4.3 기술 검사 의무 사항

건설 및 주택법CCH L. 111-23, L. 111-26, R. 111-38

참조법령

어떤 경우에 하는가?

다음 사항 각 호에 해당할 경우 건실기술검사가 의무이다.
(건설 및 주택법CCH R.111-38):
- 다중이용시설ERP 카테고리1
- 28m 이상인 건물
- 구조적으로 특별한(장대 캔틸레버구조, 심층 기초부) 비 산업용 건물
- 지진 위험이 전혀 없지 않은 지역에 지어진 대부분 건축물

신청자는?

건축주(건설 및 주택법CCH L.111-23에 따른 의무사항)

언제?

계획 개시 시기부터 시행까지 기술검사는 건축물 사용허가 이전에 최종 기술검사서가 발부될 때까지

누가?

기술검사위원

내용은?

장애우 관련 기술위원회HAND의 임무는 프랑스국가표준NF 03-100 규정에 따라 장애우의 건축물 접근성에 관련된 기술검사를 수행하는데 있다. 위 임무는 규정에 따른 시설설치 미비로 만일의 사태를 방지하는 데 있다.
HAND는 접근성 규정에 적정 여부 판단 권한을 갖고 있지 않다.[도판 4.4] 단지 기술적 지원만 수행한다.

건설 및 주택법CCH L. 111-7-4, R. 111-19-27
2007년 3월 22일 개정명령
참조법령

접근성 규정 적합 여부 인증

어떤 경우에 하는가?
2007년 1월 1일 이후에 건설 허가 신청한 모든 건축공사(건축주 자신이 사용하기 위해 건설한 단독주택MI 제외)

신청자는?
건축주

언제?
완공 시

누가?
공인 건설 감독관 혹은 건축가. 건설 허가 신청자는 제외.
동일한 공사현장에서 기술검사 임무를 수행한 기술검사위원도 이 임무를 수행할 수 있다.

내용은?
법령에 규정한 모든 사항을 항목별로 모두(2007년 3월 22일 개정명령 규정에 따름)

누구에게 회신하는가?
건설허가서 발부권자에게

건설허가원 제출 일자

2007년 1월 1일	2007년 9월 30일
훈령 n° 2006-555 건축주가 건설공사 완료일로부터 30일 이내 적합인증서를 송부(건설 및 주택법CCH R. 111-19-2)	*훈령 n° 2007-1327* 건축주가 도시계획법 R. 462-1에 따라 제출의무가 있는 준공허가서에 적합 인증서 첨부하여 제출 (건설 및 주택법CCH R. 111-19-27)

공통기술규정

5

5.1 휠체어의 규격

2006년 8월 1일 개정명령, 부칙2

참조법령

휠체어가 차지하는 크기는 0.75×1.25m

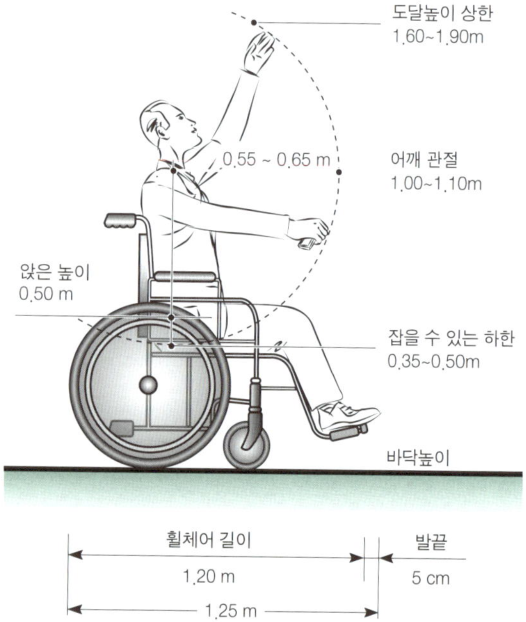

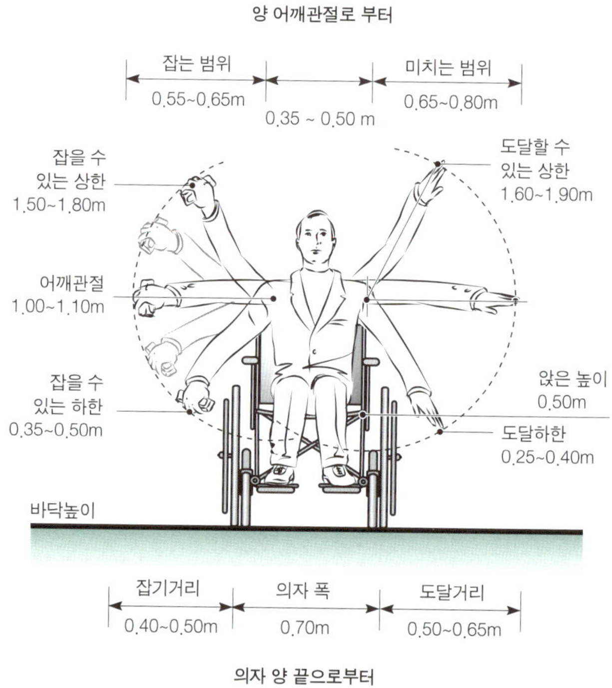

외부이동시 반 바퀴 회전 (되돌아가기)을 위한 여유 공간 2006년 8월 1일 개정명령 제 2조(다중이용시설ERP와 집합주택BHC), 제18조(단독주택MI)와 부칙2

참조법령

외부 이동시 반 바퀴 회전(되돌아가기)을 위한 여유공간

반 바퀴 돌 수 있는 공간 설치 의무화
- 행선지 선택이 있을 수 있는 모든 지점에서
- 장애우통행이 가능한 통로에 면해 있고 출입제어장치가 있는 입구 앞에서

반 바퀴 회전 여유 공간: 직경 1.50m

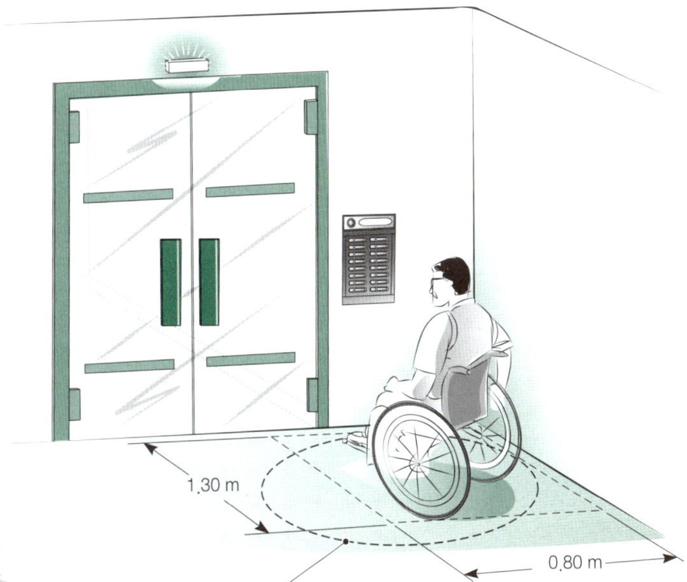

출입제어장치 앞에 있는
반 바퀴 회전 여유 공간 : 직경 1.50m

5.3 문 여닫기 여유 공간: 측면 진입 시

2006년 8월 1일 개정명령 제2조(다중이용시설ERP과 집합주택BHC), 10조(다중이용시설ERP), 8조(집합주택BHC), 18조(단독주택MI)와 부칙2

참조법령

다음과 같은 설비는 설치할 수 없다.

- 계단으로 직접 열리는 문
- 장애우에게 적응되지 않는 위생기구, 샤워, 탈의 혹은 시험 착용실

여유 공간은 문의 앞뒤에 모두 마련되어야한다.

당겨 여는 문

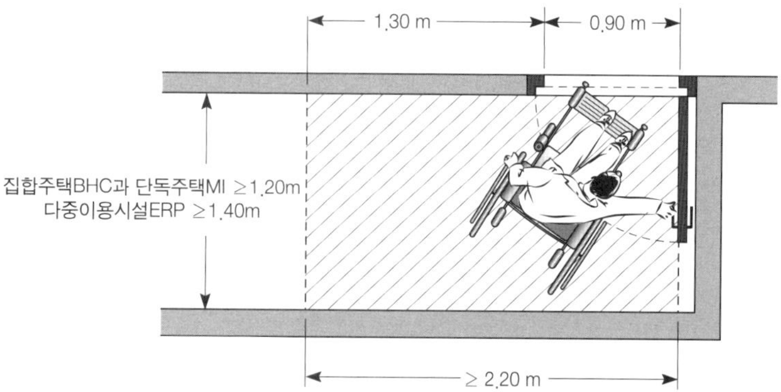

밀어 여는 문

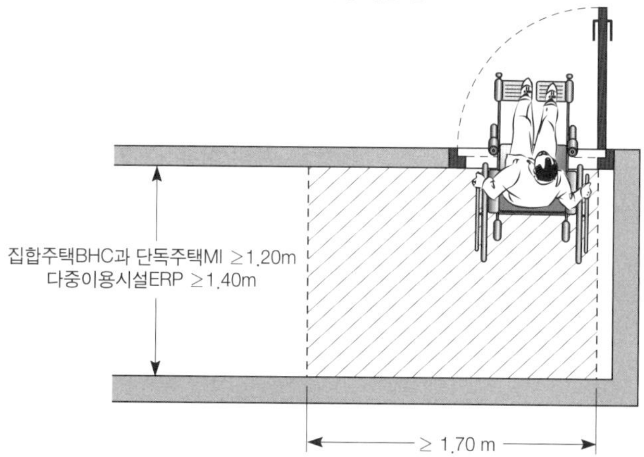

2006년 8월 1일 개정명령 제 2조 (다중이용시설ERP과 집합주택BHC), 10조(다중이용시설ERP), 8조(집합주택BHC), 18조 (단독주택MI), 22조(단독주택MI)와 부칙2

참조법령

문 여닫기 여유 공간: 정면 진입 시

다음과 같은 설비는 설치할 수 없다
- 계단으로 직접 열리는 문
- 장애우에게 적응되지 않는 위생기구, 샤워, 탈의 혹은 시험 착용실

여유 공간은 문의 앞뒤에 모두 마련되어야한다.

당겨 여는 문

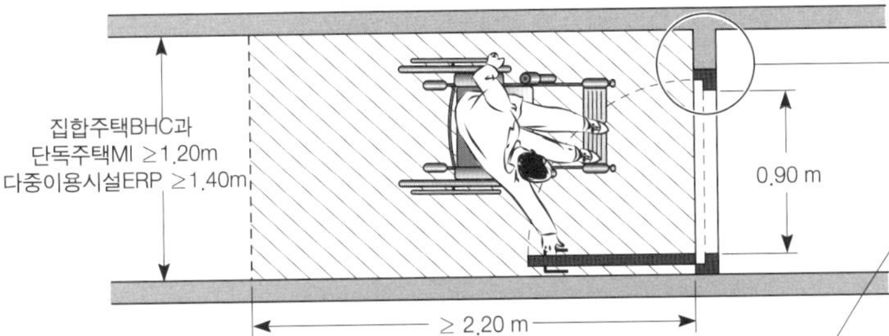

⚠ *구석진 곳에서 손잡이는 40cm이상 떨어져 있어야 한다. 주택에서 폭 1.20m는 충분하지 않음을 알 수 있다.*

문 폭이 90cm보다 클 경우 문 여닫기 여유 공간의 크기는 여기에 1.30m를 더해야 한다.

밀어 여는 문

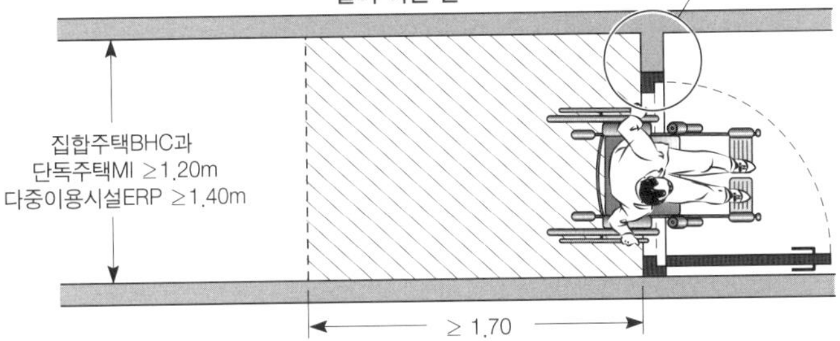

자동문

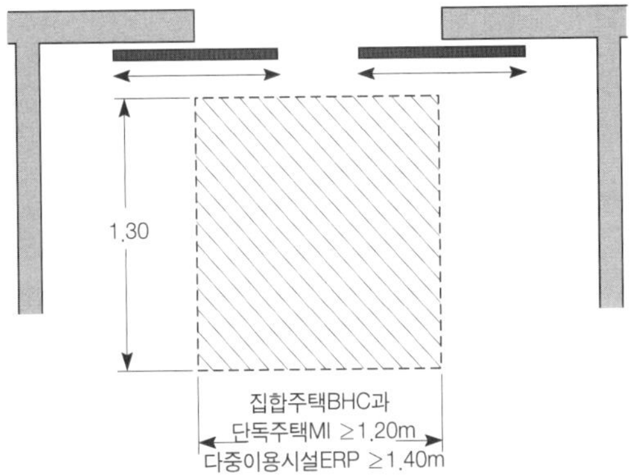

자동문일 경우에 문 여닫기 여유 공간은 개폐수직방향으로 1.30m이상이어야 한다.

2006년 8월 1일 개정명령 제 2조 (다중이용시설ERP과 집합주택BHC), 10조(다중이용시설ERP), 8조(집합주택BHC), 18조(단독주택MI), 22조(단독주택MI)와 부칙2

참조법령

5.5 막다른 차폐용 전실의 경우

계단으로 직접 열릴 경우 다음과 같은배치는 할 수 없다. 문 여닫기 여유 공간은양쪽 문 사이에 마련해야한다.

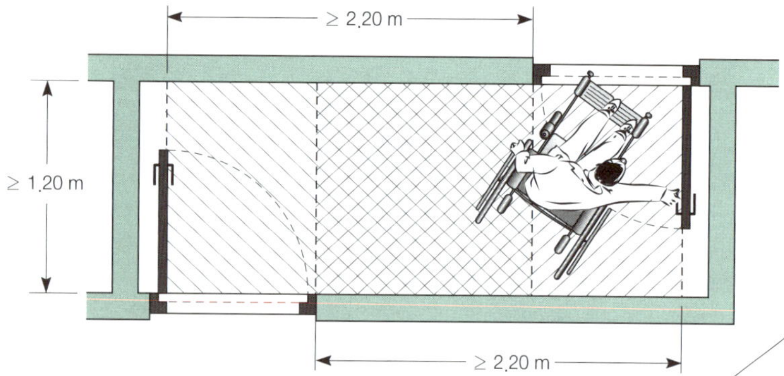

구석진 곳에서 손잡이는 40cm이상 떨어져 있어야 한다. 주택에서 폭 1.20m는 충분하지 않음을 알 수 있다.

손잡이 조작 없이 열리는 문(플러시 도어)은 다른 문의 문 여닫기 여유 공간 안쪽으로 설치할 수 없다.

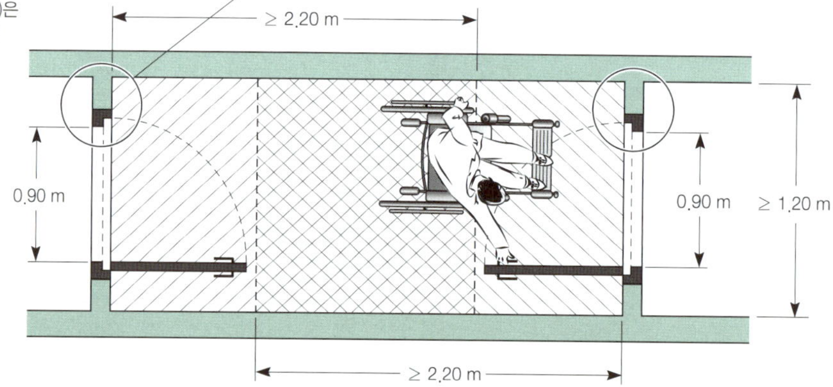

2006년 8월 1일 개정명령 제 2조 (다중이용시설ERP과 집합주택BHC), 10조(다중이용시설ERP), 8조(집합주택BHC), 18조 (단독주택MI), 22조(단독주택MI)와 부칙2

참조법령

일반적 전실의 경우

계단으로 직접 열릴 경우 다음과 같은 배치는 할 수 없다. 문 여닫기 여유 공간은 양쪽 문 사이에 마련해야한다.

규정에 적합한 배치

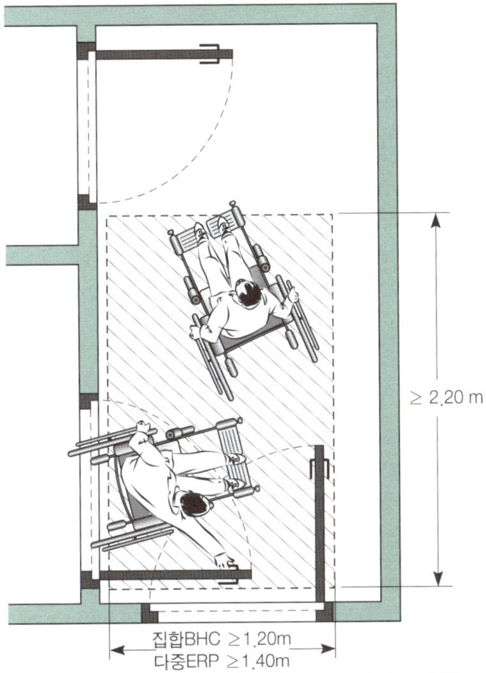

이 경우 사용자가 충돌할 위험이 있다.

권고 배치안

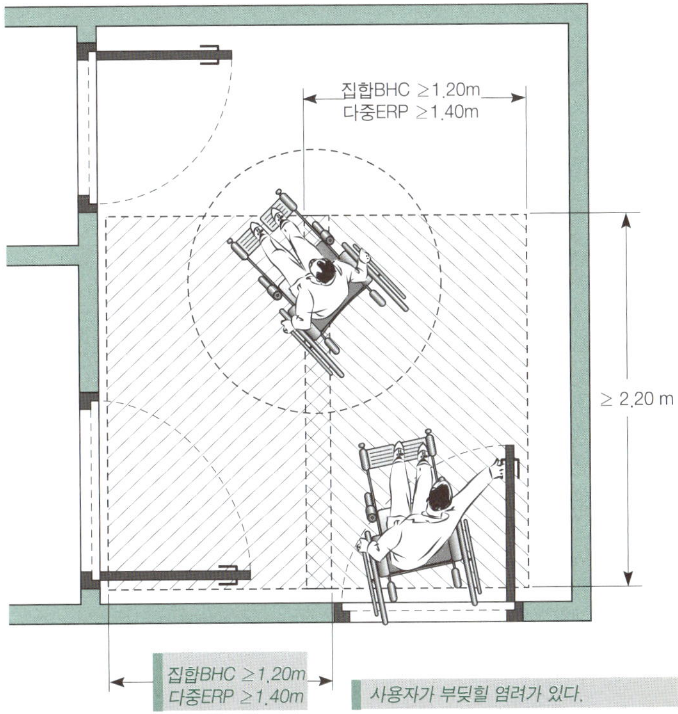

사용자가 부딪힐 염려가 있다.

손잡이 조작으로 열리는 문은 다른 문의 문 여닫기 여유 공간 내부에 처리할 수 없다. 이 배치는 규정 강제 조항은 아니나 강력히 권고하는 바이다.

5.7 편의 보조 설비 공간

2006년 8월 1일 개정명령 제2조(다중이용시설ERP과 집합주택BHC), 11조(다중이용시설ERP), 9조(집합주택BHC), 18조(단독주택MI)와 부칙2

참조법령

통행로 보조 설비공간은 다음 각 항에 수직방향으로 놓인다.
- 실비장치
- 동작스위치나 서비스 장치
- 기타 설치시설

주거건축에서 이들 배치는 거주자와 방문자 용도로 마련된 설비와 장치에 해당한다. 집합주택BHC의 재해안전에 관련된 시설에는 해당하지 않는다.

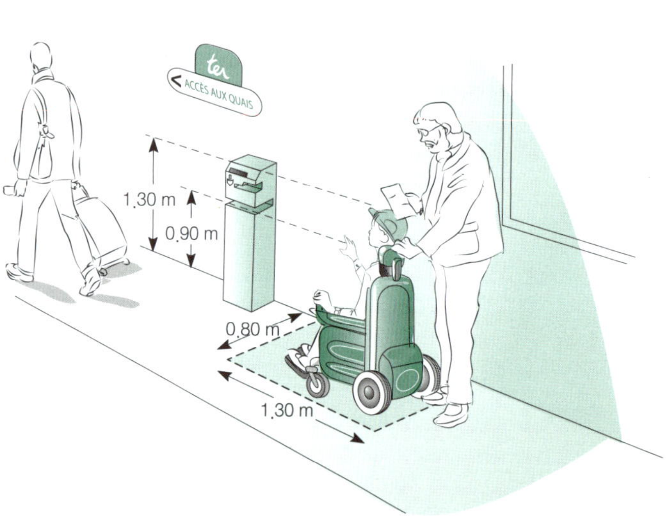

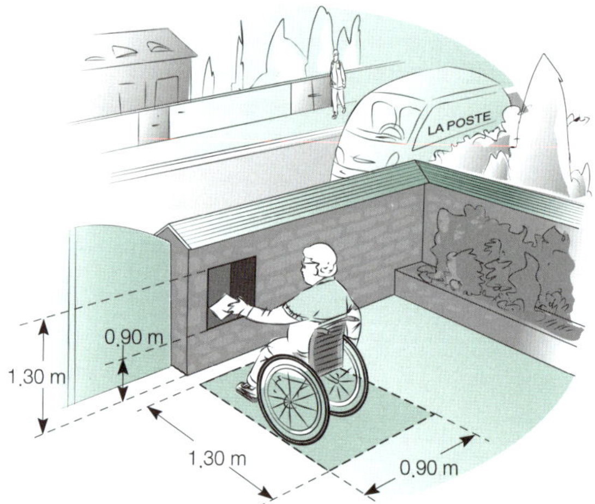

다중이용시설ERP에서는 공중의 사용에 응하는 모든 설비와 장치에 편의 보조설비공간을 마련해야 한다.

2006년 8월 1일 개정명령 2조 (다중이용시설ERP과 집합주택 BHC)

참조법령

외부 이동 표시 체계(이정표, 표지판)

이들 조치는 내부 이동체계에는 적용하지 않는다.
표시체계는 다음에 각 항에 적절한 표지판을 마련한다. [도판5.31]

- 대지입구
- 주차장 인근
- 행선지를 선택해야하는 모든 곳(갈림길)

건물 접근 주변공간이란 건축허가서에 표시된 건물 외부를 뜻한다.

맹인용 점자표 체계, 돌출표시, 음성장치 등도 설치할 수 있다.

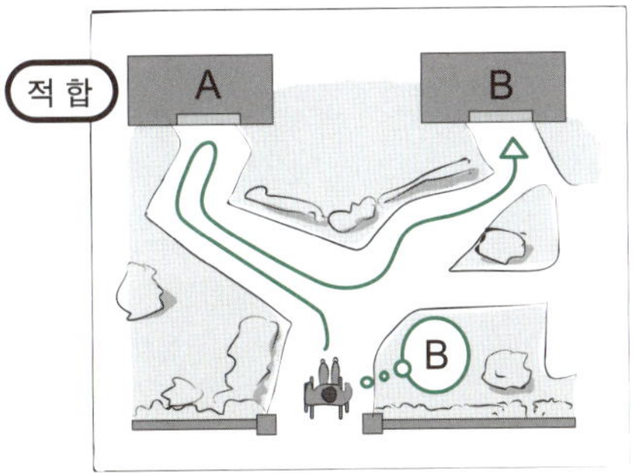

지름길 통로도 일반 접근도로와 동일한 규정을 적용하는 것을 권장한다. 맹인이나 잘 못 보는 사람을 위할 경우 특히 그러하다.

공사현장과 건축허가서에 포함되지 않은 외부 공간(공공도로 등)의 연결부도 접근성 규정에 합치해야 한다.

만일 공사가 여러 채의 건물을 포함할 경우 접근로는 이들 모두에 대해 고려하여야 한다. 접근로가 여럿 있을 경우 각각은 모두 접근 가능한 통로를 통해 연결되어야 한다.

5.9 외부 이동 유도 체계

2006년 8월 1일 개정명령 제 2조(다중이용시설ERP과 집합주택BHC)와 4조(단독주택MI)

참조법령

이 조치들은 내부이동로에는 적용하지 않는다.
외부이동로 포장에는 다음과 같은 유도체계가 설치되어야 한다.
- 인접환경과 구별되는 시각, 촉각적 장치를 통하여
- 주변 환경

이동통로는 다음과 같은 재료로 만들어야한다.
- *특별한 재료 혹은 상이한 표면 형태를 가진 재료 사용*
- *이동통로(주먹돌 깔기)나 주변상황(잔디밭)이 구별되는 재료 사용*
- *이동통로를 따라 주변경계석 깔기 혹은 유도띠 돌리기*

유도띠에 특전이 주어져서는 안 된다. 만일 일반 재료를 쓰는 것이 불가피할 경우에는 설치 방식이 초기개념 검토 시부터 고려되어야 한다.
유도장치는 특히 건물 규모가 크고 이동길이가 길거나 복잡할 경우 건물내부에도 설치할 것을 권장한다.

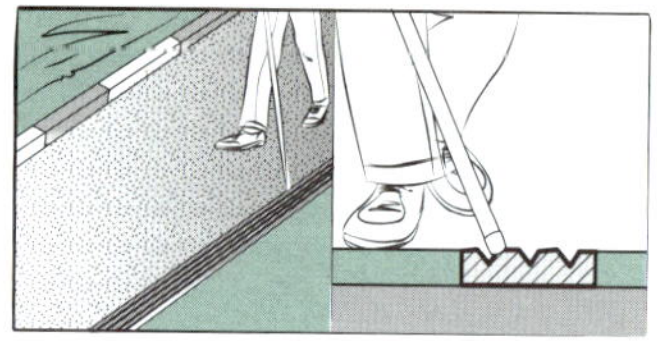

2006년 8월 1일 개정명령 제 2조(다중이용시설ERP과 집합주택BHC)

참조법령

5.10 자동차도로와 교차부

이 조치는 보행로와 자동차도로가 명백히 분리된 이동통로가 공사현장에서 교차할 때 적용할 수 있다. 보행자, 자동차 공용도로에는 적용할 수 없다.
1986월 1월 31일 재난에 대비한 안전법안에 의해 거주용 건물내부에서 교차 분리는 의무사항이다.

다음과 같은 위험 경고 장치를 설치해야 한다.
- 표시판
- 대비색 혹은 조명 등 혹은 교차부 재질을 다르게 하기
- 볼록거울 설치

5.11 통행로 종단면도

2006년 8월 1일 개정명령 제2조(다중이용시설ERP과 집합주택BHC), 6조(다중이용시설ERP), 5조(집합주택BHC)와 18조(단독주택MI)

참조법령

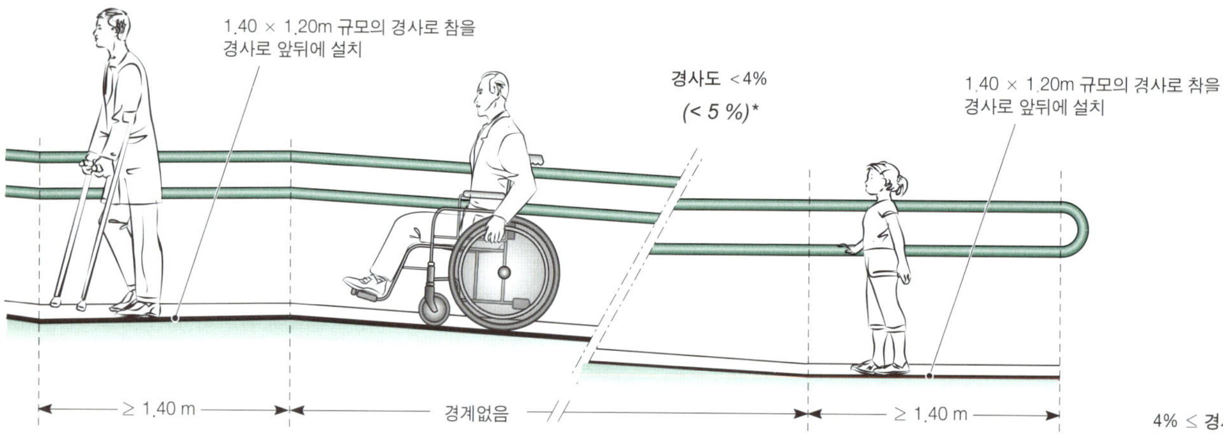

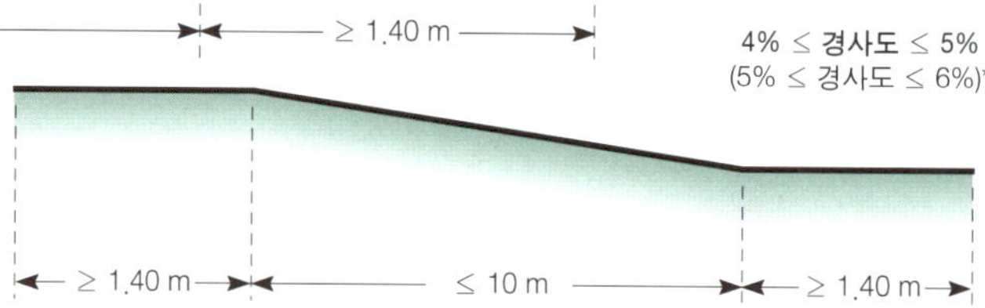

* 기존 다중이용시설ERP에 설치 시 구조적 제한이 있을 때

허용한도

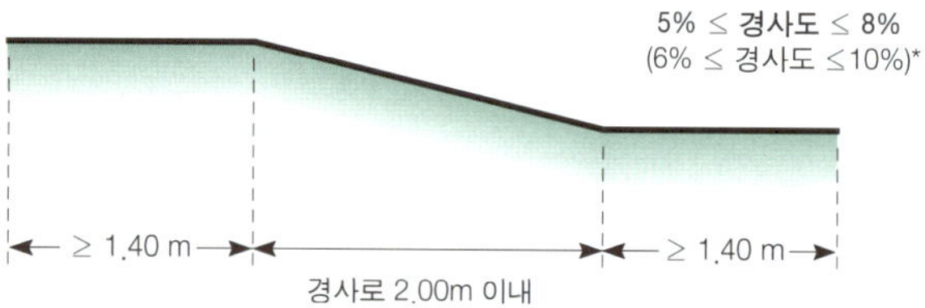

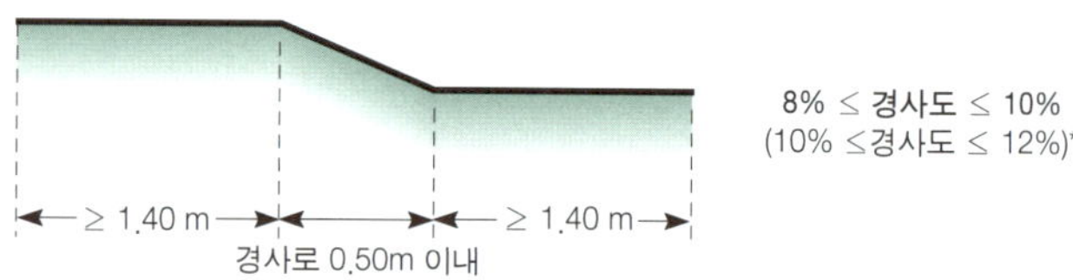

• 이동통로에는 편평하고 불연속단이 없어야 한다.

단부가 궁글려 있거나 모서리 경사처리가 되었을 때 1단은 인정된다.

연속 2단일 때는 단 깊이가 2.50m 이상일 경우 허용

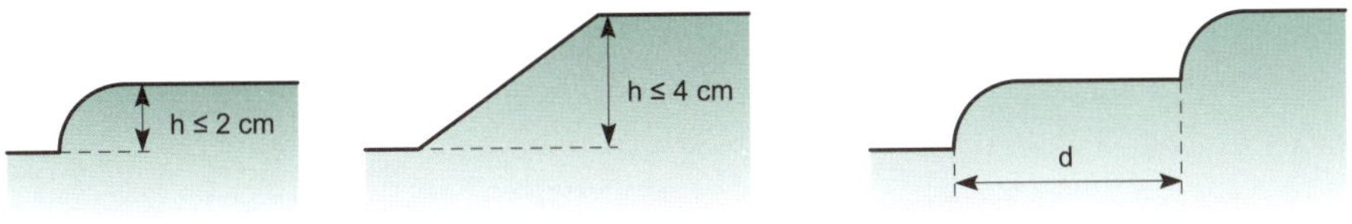

완화: 경사도 ≤ 33%

단의 정면에 색상의 차이나 조명으로 시각적 대조를 마련할 수 있다.

연속단으로 개선하는 것은 권장하지 않는다. 5% 미만인 경사로로 고치는 것이 좋다.

⚠ 볼록면은 금지

• 바닥은 무르거나 미끄럽거나 반짝이면 안 되고 바퀴 구름에 장애물이 있으면 안 된다.

• 구멍이나 틈새(그릴, 배수격자망 등)는 직경 혹은 틈새가 2cm 이하

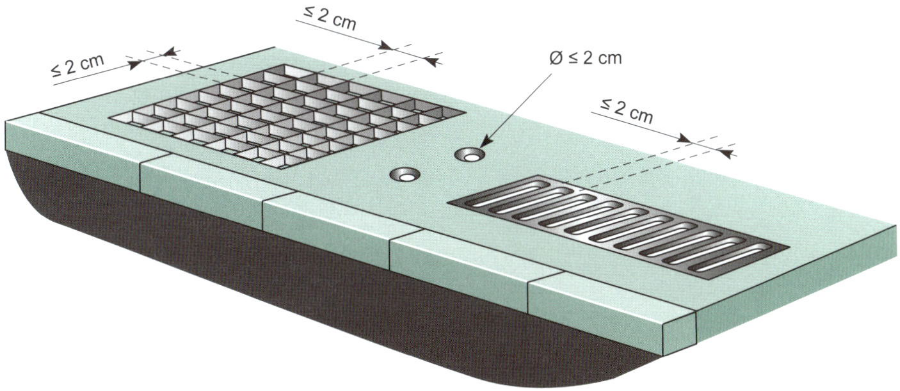

틈새는 이동경로에 수직방향으로 설치하는 것 권장

외부에 매끄러운 바닥재 (연마석, 목재 등) 사용은 피하는 것이 좋다. 반사되지 않고 미끄러지지 않는 재료 특성은 바닥이나 마감재가 건조한 상태에서 효율을 발휘한다.

5.12 통행로 횡단면도

참조법령
2006.8.1 개정명령 제2조(다중이용시설ERP과 집합주택BHC), 6조(다중이용시설ERP), 5조(집합주택BHC)
2007년 2월 26일 명령 제4조
2007년 3월 21일 명령 제3조

	너비 l (m)
신축공동주택 혹은 단독주택MI	L≥ 1.2 혹은 ≥0.9
기존 공동주택 (구조적 제약이 있을 경우)	*L≥ 0.9*
신축 다중이용시설ERP	L≥ 1.4 혹은 ≥1.2[1]
기존 다중이용시설ERP(구조적 제약이 있을 경우)	*L≥ 1.2 혹은 ≥0.9[1]*

(1) 부분적이고 아주 짧은 거리일 때 혹은 [도판 5.13]

다중이용시설ERP 중 판매장이나 도서관 등에서는 너비 1.40m 이상이어야함. 다중이용시설 ERP의 접근성에는 주요 통로와 부차적 통로의 구분이 없다.

고정시설로 설치된 줄서기 시설일 경우 통로 폭 0.90m 이상이 인정된다. 그러나 줄서기 방향이 바뀌는 곳에서는 L1+L2 ≥ 2m [도판 7.11]규정을 준수하여야 한다.

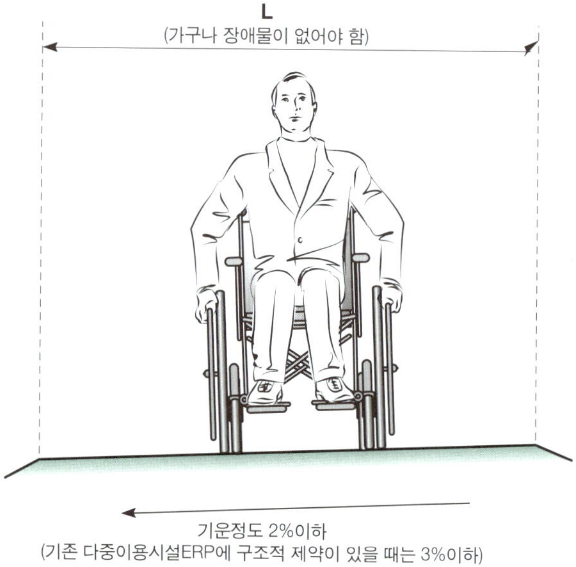

외부에서는 물이 고이는 곳이 없어야 한다.

다공성 포장재이지만 말랑말랑하지 않을 경우는 이 기능을 충족할 수 있다.

2006.8.1 개정명령 제2조(다중이용시설ERP과 집합주택BHC, 6조(다중이용시설ERP), 5조(집합주택BHC)
2007년 2월 26일 명령 제4조
2007년 3월 21일 명령 제3조

참조법령

통행로의 병목부

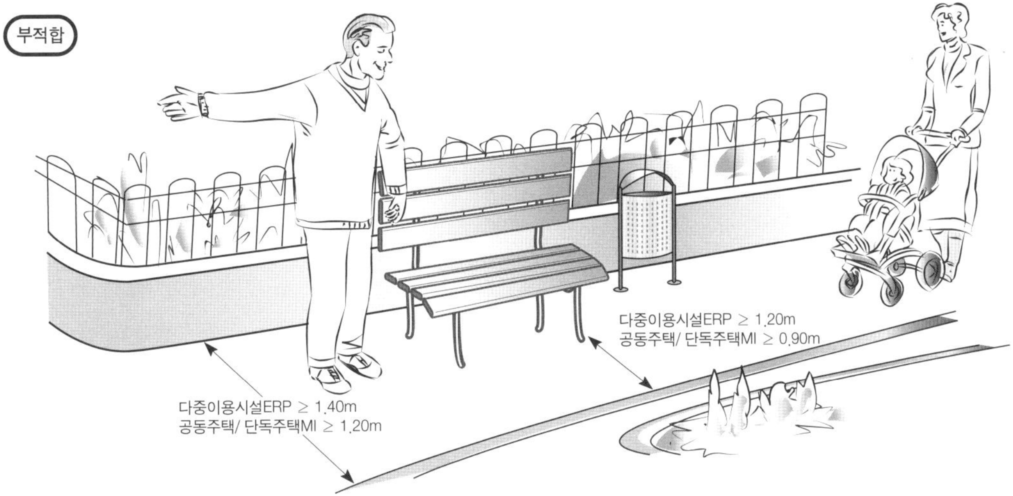

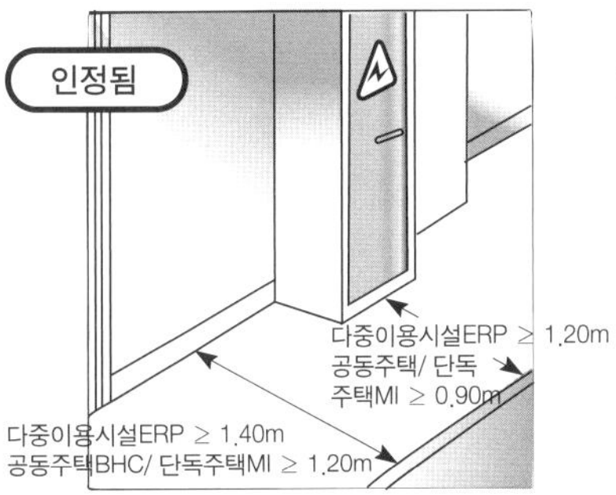

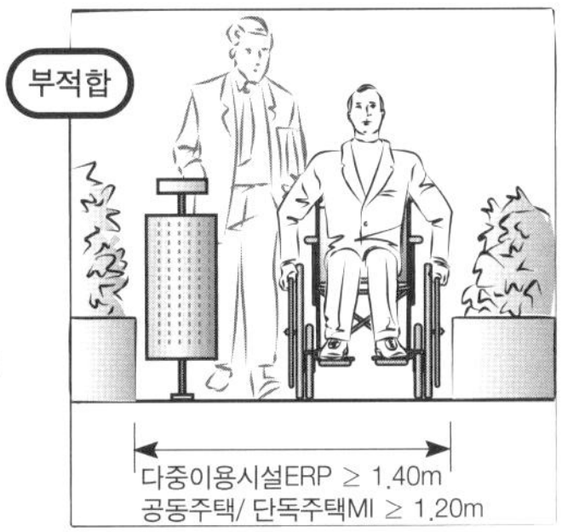

휴지통은 다른 곳에 설치하는 것이 좋다.

통행로가 일시적으로 줄어드는 것을 장소, 사용빈도, 건물 내 위치에 따라 또한 기존 제약이 있을 경우 인정할 수 있다.

5.14 통행로 인접측면에 높이차가 있을 때

2006월 8월 1일 개정명령 제2조(다중이용시설ERP과 집합주택BHC), 6조(다중이용시설ERP), 5조(집합주택BHC), 18조(단독주택MI)

참조법령

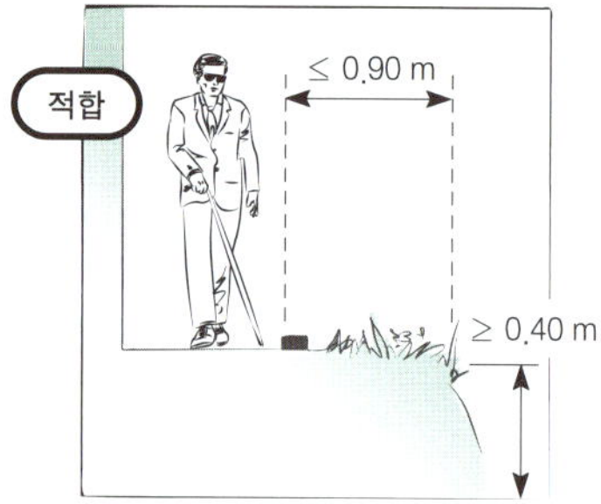

보호 장치 불필요,
경계석 설치는 권장

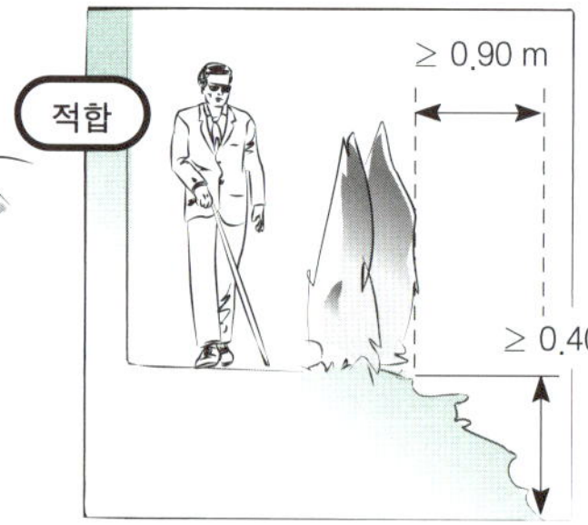

추락방지용 보호 장치 설치
(식재, 관목, 담장 등)

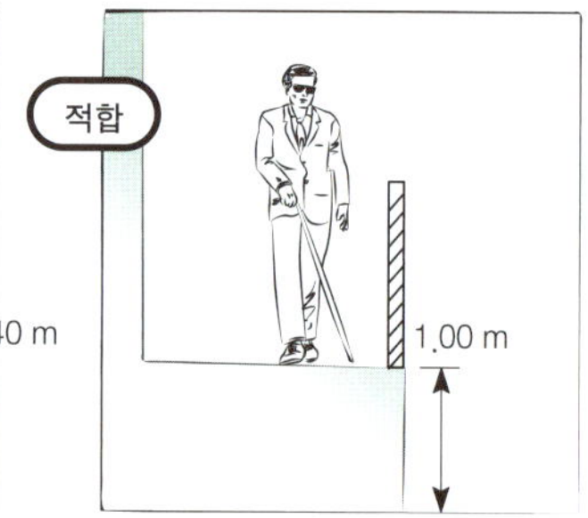

추락가능높이가 1m 이상일 때
프랑스표준NF 01-012에
따른 난간설치

통행 장애 요소

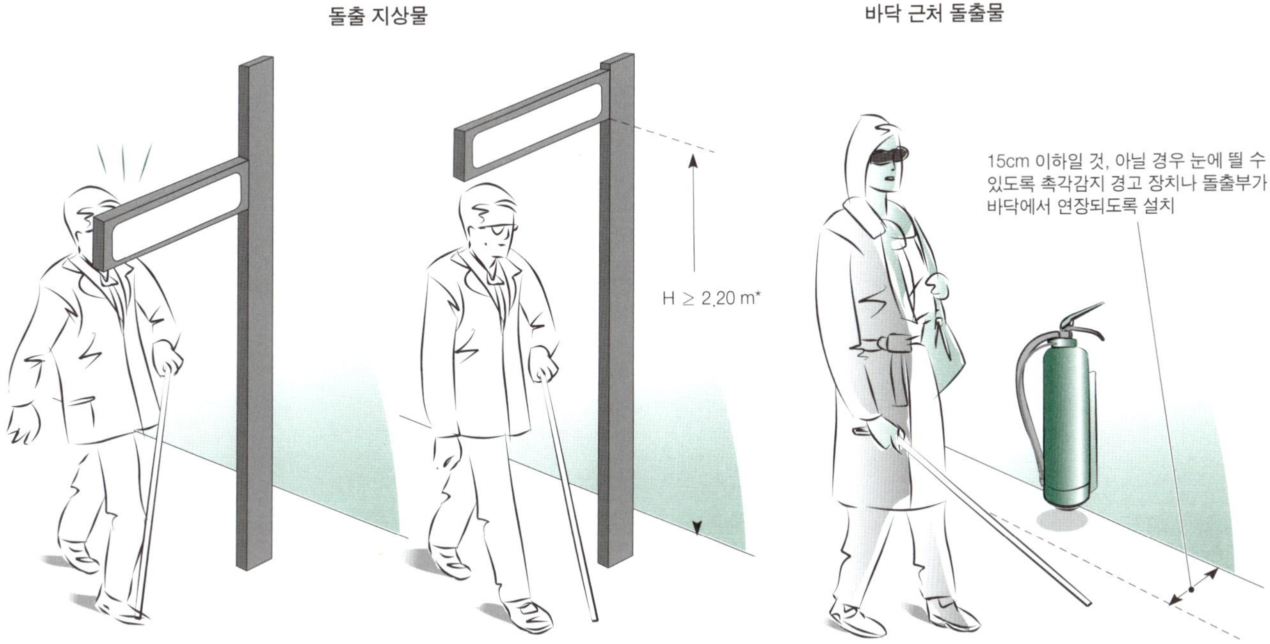

표시판과 기둥은 이동통로와 통로 주변에 설치하지 말 것
이들은 2007.1.15 법령 도로관련조항에 맞게 설치하도록 권장
문은 매달린 장애물로 취급하지 않는다.

바닥으로부터 최대 40cm 이내
연속방지장치 설치 권장

** 주거 건물에서 주차장, 지하창고 등 높이 2.00m 이상인 경우 제외*

5.16 문, 대문, 회랑의 크기

2006년 8월 1일 개정명령 제10조(다중이용시설ERP), 8조(집합주택BHC), 22조(단독주택MI)
2007월 2월 26일 명령 제4조
2007월 3월 21일 명령 제8조
참조법령

		신축 건물일 경우 (m)	*구조적 제약이 있는 기존 시설일 경우*
공동주택BHC	공용부분	0.90(문이 90° 열렸을 때 유효 폭 0.83)	*0.90(문이 90° 열렸을 때 유효 폭 0.83) 공용공간의 경우 0.80*
	지하창고와 창고	0.80(문이 90° 열렸을 때 유효 폭 0.77)	*0.80(문이 90° 열렸을 때 유효 폭 0.77)*
단독주택MI	공동공간	0.90(문이 90° 열렸을 때 유효 폭 0.83)	*적용하지 않음*
	공동공간 내부에 있는 문	0.80(문이 90° 열렸을 때 유효 폭 0.77)	*적용하지 않음*
	외부 통로로 열린 문과 대문	0.90(문이 90° 열렸을 때 유효 폭 0.83)	*적용하지 않음*
다중이용시설ERP(1)	100인 이하	두짝문일 경우 한쪽은 0.90(2)	*두짝문일 경우 한쪽 0.90이어야 함 (2)*
	100인 초과	0.90(3)	*0.80*
	보안용 대문	0.80	*0.80*
	장애우용 위생기기, 샤워, 탈의장	0.80	*0.80*
기존 숙박 시설이 있는 호텔과 다중이용시설 ERP	공공서비스의 장애우용 침실과 공간	상황에 따라 1.4에서 0.9	*0.80*
	장애우용이 아닌 방	0.90	*0.80*

(1) 다중이용시설ERP, 진입의무규정 사항은 주요 출입구에 적용된다. 예를 들어 어느 방에 공공통행공간에서 들어오는 입구 한 개와 옆방으로 연결되는 보조 출입구가 있다면 이 규정은 공공통행공간에서 들어오는 문에만 적용한다. 마찬가지로 비상 출입구로만 설치된 문은 이 규정에 저촉되지 않는다.

(2) 앞뒤로 열리는 플래쉬문이나 항상 열려 있는 문에도 적용.

(3) 30㎡ 보다 작은 면적이더라도 공공출입장소라면 이 규정 적용.

5.17 손잡이 및 잠금쇠

다중이용시설ERP의 자물쇠는 아래 조치에 저촉되지 않는다.

- 손잡이와 잠금쇠는 선 위치와 앉은 위치에서 조작가능 해야 한다.
- 손잡이 회전 동작을 하기 힘든 사람들도 쉽게 잡을 수 있어야 한다.
- 조작 여유 공간 규정 역시 문의 양쪽에서 준수되어야 한다. [도판5.3~5.6]

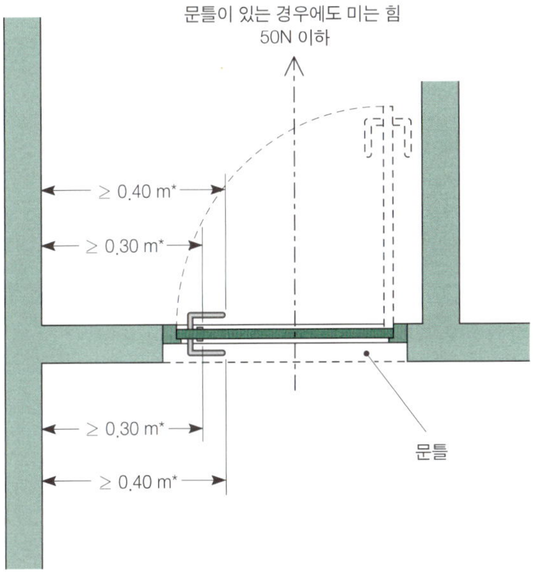

자동문의 경우 열려있는 시간은 이동성저하장애우가 지나갈 수 있도록 충분히 길어야 한다.

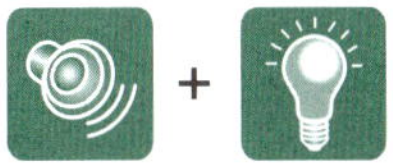

개폐장치가 전기식일 경우 잠금쇠 풀림이 청각장치와 시각장치를 통해 알려져야 한다.

* 구조적 애로 사항이 있을 때는 강제조항 아니다.

5.18 자동문, 자동대문, 자동회랑문의 개폐

2006년 8월 1일 개정명령 제10조(다중이용시설ERP), 8조(집합주택BHC), 22조(단독주택MI) 2007년 3월 21일 명령 제8조

참조법령

감지장치 관련규정이 결정적이다. 사용자가 문의 작동방식에 대해 의문을 갖기 훨씬 전에 문이 개폐 되어야 한다.
안전장치를 통해 사용자가 문을 통과하는 동안 문과 사용자 사이에 어떤 부딪힘도 없어야 한다.

문이 열려있는 시간은 이동성저하장애우가 통과하기에 충분해야 한다.

2006년 8월 1일 개정명령 제10조(다중이용시설ERP)
2007년 3월 21일 명령 제8조

참조법령

회전문, 돌림제어문, 원통형 전실문

다중이용시설ERP에서 회전문, 돌림제어문, 원통형 전실문 등은 장애우용 문과 같이 있어야 한다.

이들 문을 통과하기에 어려운 사람은 안내소에 알릴 수 있어야 한다.

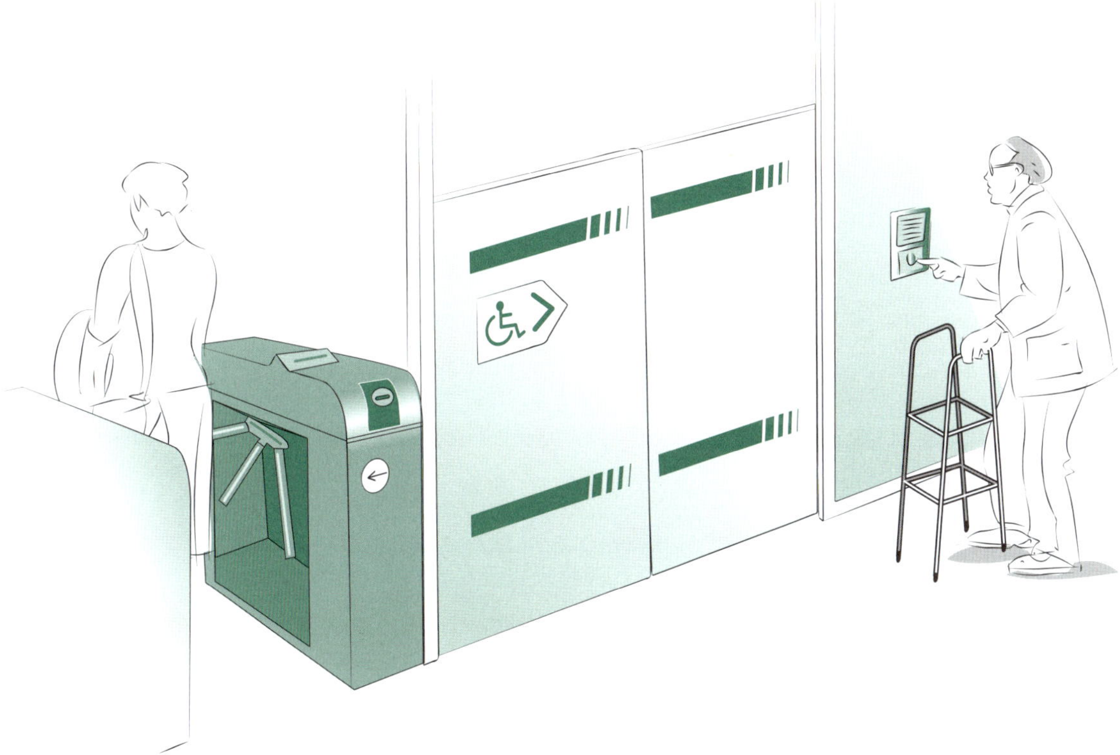

5.20 두꺼운 벽에 설치된 문

여기 수록된 벽의 오목 모서리로부터 0.30~0.40m 떨어져야 한다는 의무규정은 공통으로 수용되고 있는 관행을 법제화하기 위하여 장비기술연구센터(CETE) 리옹 연구소 연구팀이 수집한 자료에 근거하였다.

상황	a: 문설주 단부에서 벽 단부까지[1]	장애판 유무		b b_1: 손잡이 단부에서 장애물의 단부까지 거리 b_2: 손잡이 단부에서 문설주 단부까지 거리
		유	무	
휠체어에서 측면 진입할 때 장애물이 없을 경우(예를 들어 문이 복도 중앙 측에 있을 때)	<0.40		×	해당 사항 없음
	≥0.40	×		손잡이 단부와 문판 단부까지 거리 b_2: 손잡이 단부까지 0.40 잠금쇠까지 ≥0.30
휠체어에서 측면 진입할 때 장애물이 있을 경우(예를 들어 문이 복도 끝에 있을 때)	<0.25		×	손잡이 단부에서 장애물 단부까지 거리 b_1: 손잡이 단부까지 0.40 잠금쇠까지 ≥0.30
	≥0.25	×		손잡이 단부에서 문설주 단부까지 거리 b_2: 손잡이 단부까지 0.40 잠금쇠까지 ≥0.30

(1) a=0.40m 라는 값은 휠체어에 앉아 있는 사람들이 팔을 측면으로 벌렸을 때 도달하는 거리와 관련하여 정해짐. a=0.25m 같은 휠체어에 앉아있는 사람이 팔을 사선방향으로 벌렸을 때 도달거리 기준으로 결정

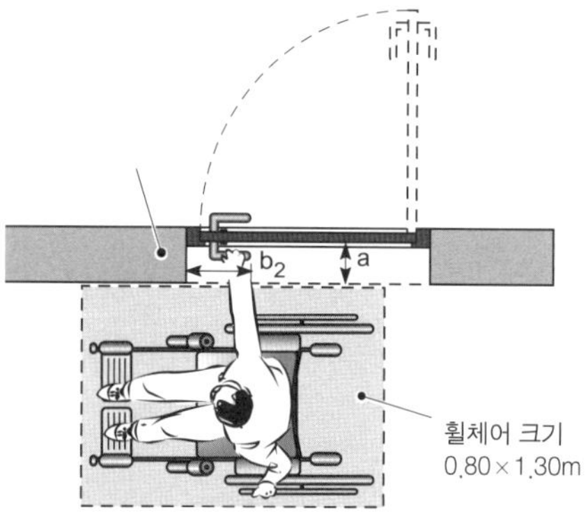

❶ 휠체어가 측면에서 접근할 때 장애물이 없는 경우

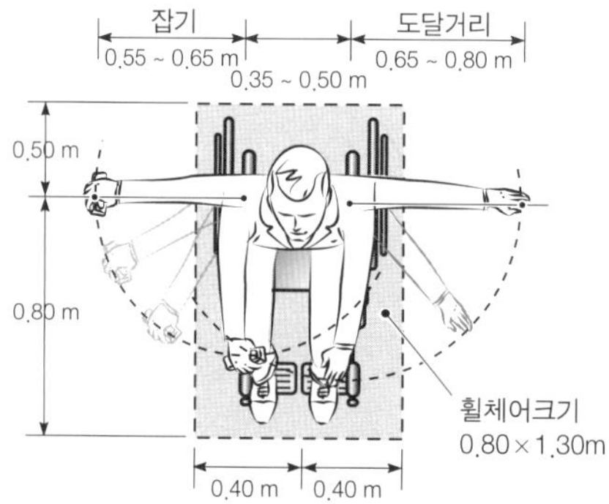

휠체어에 앉아있는 사람이 측면 도달거리

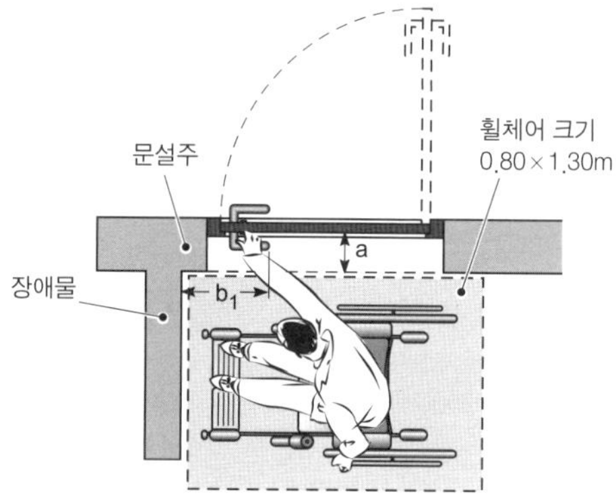

❷ 휠체어가 측면 진입할 때 장애물 있음

2006년 8월 1일 개정명령 제2조(다중이용시설ERP과 집합주택BHC), 7조(다중이용시설ERP), 6조(집합주택BHC), 18조와 25조(단독주택MI)
2007년 2월 26일 명령 제4조

참조법령

3단 이상인 외부계단과 모든 내부계단

이하 사항은 다중이용시설ERP이 정상가동 조건에서 공중에 개방되었을 때만 해당

> 미리 제작되어 임시로 설치된 계단이 프랑스표준NF 93-523에 부합될 경우 계단높이와 디딤판 폭에 대한 규정은 준수 하지 않아도 된다.

	손스침 사이거리 L (m)	손스침 개수[5]
신축 집합주택BHC	≥1.00[2]	2
기존 집합주택BHC에 구조적 제약이 있는 경우	≥0.80	2
단독주택MI과 신축 집합주택BHC: 주거의 내부계단	≥0.80[3]	1
단독주택MI: 주택의 외부계단	≥1.00	1
신축 다중이용시설ERP	≥1.20[4]	2
기존 다중이용시설ERP에 구조적 제약이 있는 경우	≥1.00[5]	1[5]

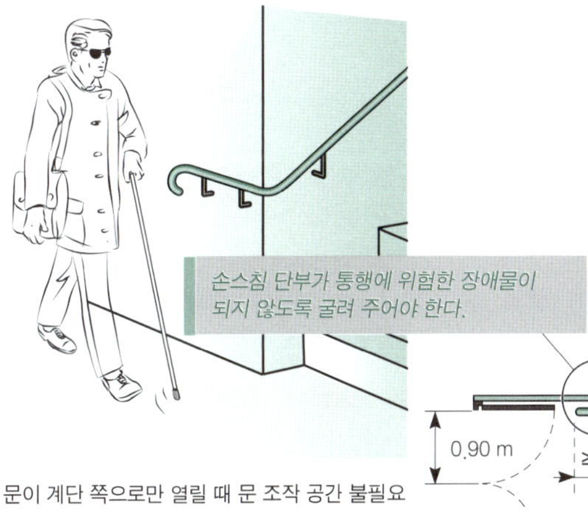

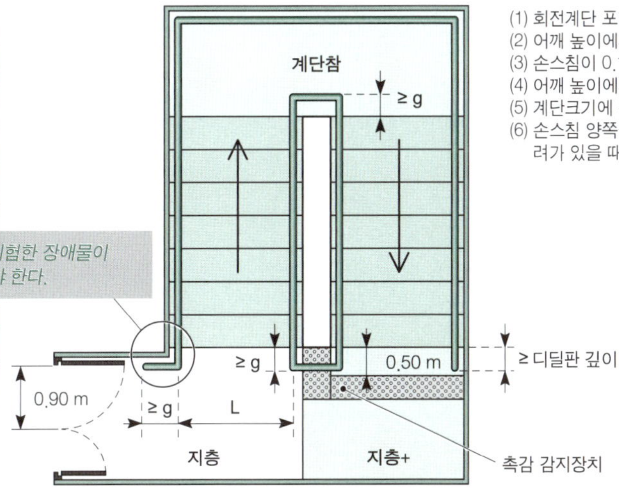

(1) 회전계단 포함 모든 계단 해당
(2) 어깨 높이에서 폭은 공동주택 수평이동과 마찬가지로 1.20m
(3) 손스침이 0.10m 이상 돌출할 경우 폭은 그 수직 하부에서 측정
(4) 어깨 높이에서 폭은 공동주택 수평이동과 마찬가지로 1.40m
(5) 계단크기에 관련된 공사가 없을 경우 이 부분은 보존할 수 있다.
(6) 손스침 양쪽을 설치할 경우 통행로 폭이 1.00m 이하로 줄어들 우려가 있을 때

도판 5.21

공통기술규정
3단 이상 외부계단과 모든 내부계단

이하 사항은 다중이용시설ERP이 정상가동 조건에서 공중에 개방되었을 때만 해당

		신축 혹은 기존 집합주택BHC	단독주택MI 외부계단	단독주택MI 혹은 신축 집합주택BHC : 주거 내부 계단	신축 혹은 기존 다중 이용 시설
촉각감지장치와 시각대조		계단에서 50cm 거리	의무 적용 면제	의무 적용 면제	계단에서 50cm 거리
첫 번째 챌판과 마지막 계단에 대조 표시		높이≥10cm	의무 적용 면제	의무 적용 면제	높이 ≥10cm
계단판 돌출코	대조	적용	의무 적용 면제	의무 적용 면제	적용
	미끄럽지 않게	적용	의무 적용 면제	의무 적용 면제	적용
	지나치게 돌출하지 말 것	적용	적용	적용	• 신축: 적용 • 기존: 의무 적용 면제
조명		• 내부 150 lux • 외부 20 lux	20 lux	• 모든 그림자부 제거 • 다른 층에서 스위치 접속 가능해야 함	• 내부: 150 lux • 외부: 20 lux
손스침(수평이동에 장애물이 되지 않도록 유의)	숫자	앞페이지 도표 참조			
	0.80 ≤ 높이 ≤ 1.00m	적용	적용	적용	적용
	첫 번째와 마지막 계단 수평 방향으로 확대	디딜판과 같은 길이	길이 명시 없음	• 공공집합주택BHC : 디딜판과 같은 길이 • 단독주택MI : 길이 명시 없음	디딜판과 같은 길이
	연속적이고 견고하며 쉽게 잡을 수 있도록	적용	적용	적용	적용
	조명이나 시각적 대비를 통해 바닥판 구별할 수 있도록	적용	적용	적용	적용

아래 사항은 다중이용시설ERP이 정상가동 조건에서 공중에 개방되었을 때만 해당

	계단 각 부 크기	
	챌판	디딜판
신축 공동 주택	≤0.17	≥0.28
기존 공동 주택에 구조적 제약이 있을 경우	≤0.17	≥0.28
개인주택과 신축 공동 주택: 주거 외부 계단	≤0.18	≥0.24
신축 다중 이용 시설	≤0.16	≥0.28
기존 다중 이용 시설에 구조적 제약이 있을 때	≤0.17	≥0.28

통상 계단크기를 정하는 계산식은 $0.6 \leq 2h+g \leq 0.64$이다.

계단과 천장 사이 거리는 최소 2.00m이상이다.

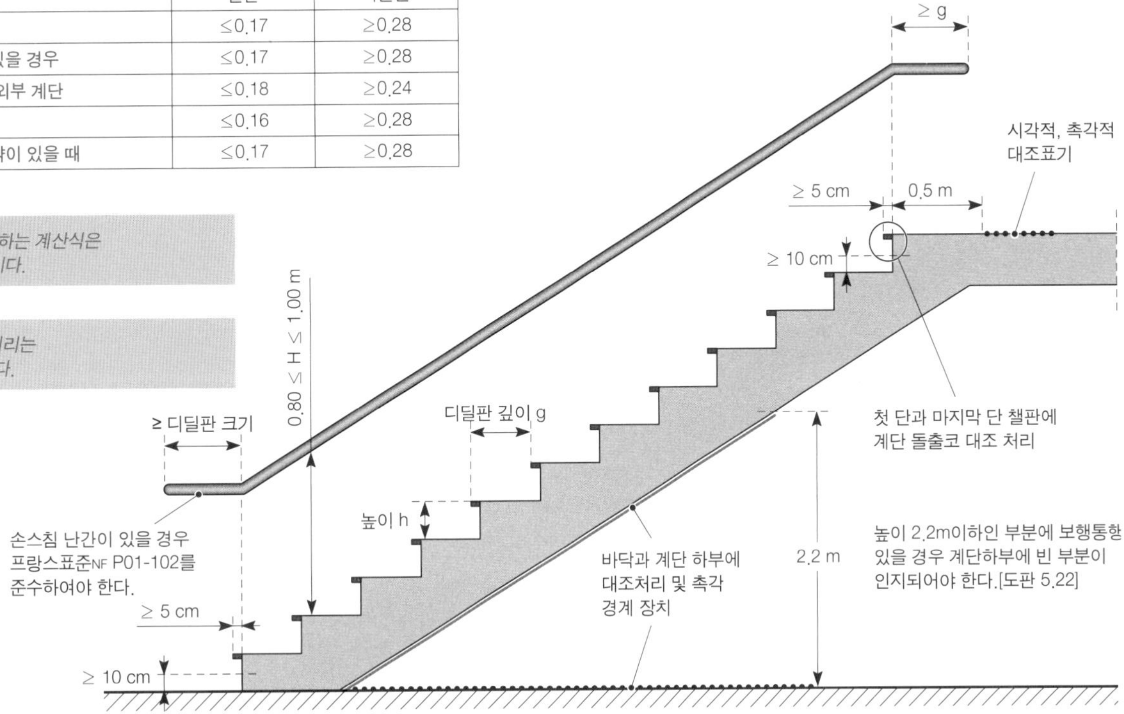

5.22 계단하부 빈 공간 처리

2006년 8월 1일 개정명령 제 2조(다중이용시설ERP과 집합주택BHC), 7조(다중이용시설ERP), 6조(집합주택BHC)

참조법령

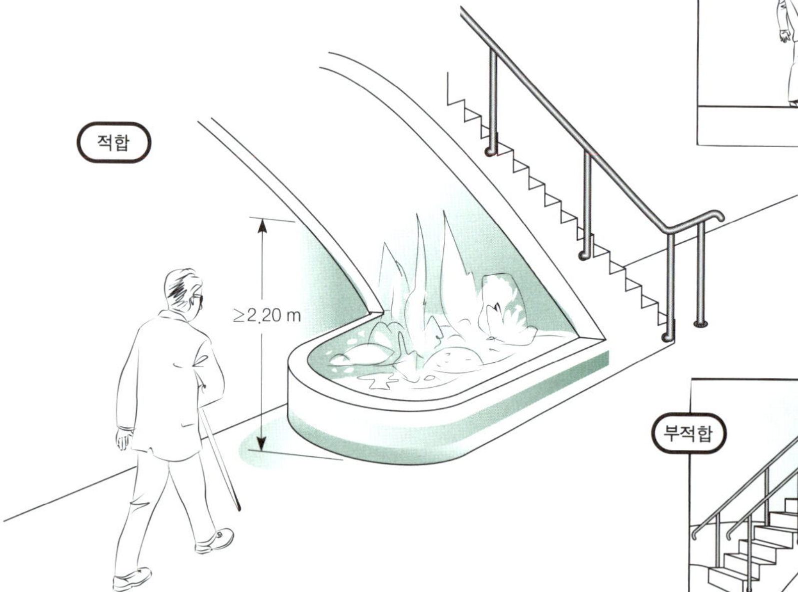

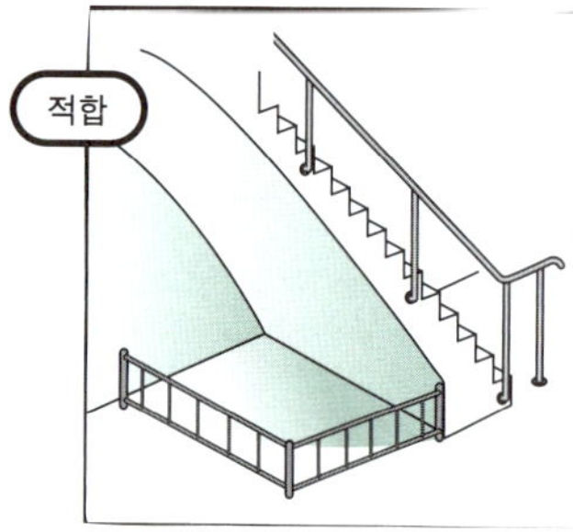

집합주택BHC과 다중이용시설ERP에서 3단 미만인 외부 계단

- 아래사항은 다중이용시설ERP이 정상가동 조건에서 공중에 개방되었을 때만 해당
- 계단의 돌출코

- 대조 처리
- 미끄럽지 않게
- 과도하게 돌출하지 말 것(기존 다중이용시설ERP에 구조적 제약 있을 경우 의무사항 아님)

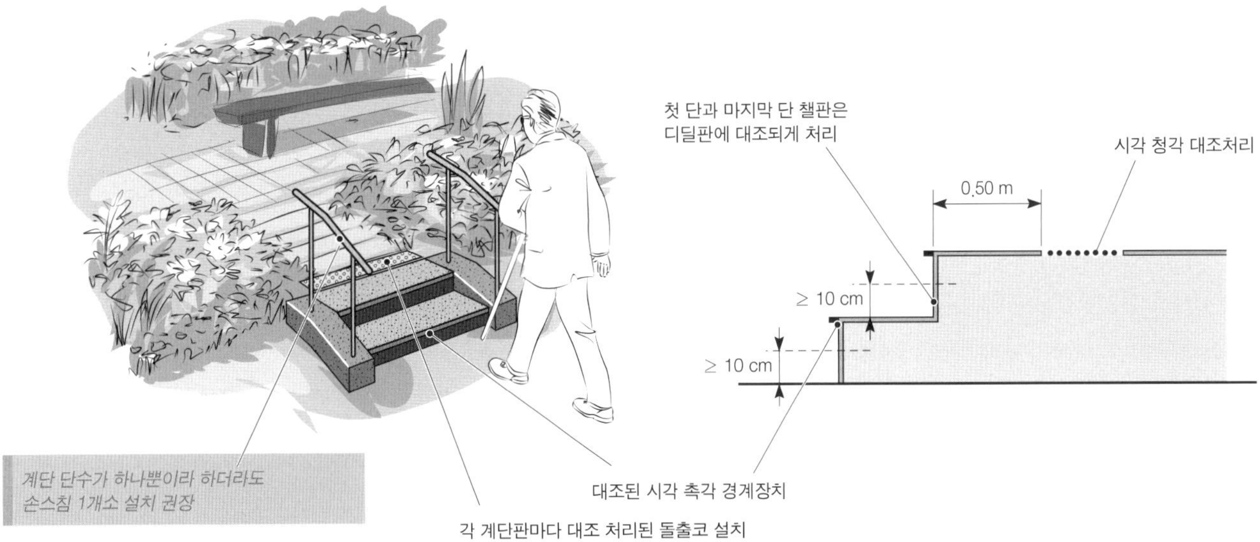

5.24 승강기 설치가 의무사항일 경우

건설 및 주택법CCH R. 111-5와 R. 111-18-8 2006년 8월 1일 개정명령 제7조(다중이용시설ERP)와 6조(집합주택BHC) 2007년 2월 26일 명령 제5조 2007년 3월 21일 명령 제 6조

참조법령

구분		항목	내용
신축공동주택		승강기	4층 초과 (1)
		승강기 위치 준비	• 4층 이하일 때 (1) • 승강기 1대당 2층 위 15세대 이상일 때 (1) • 2008년 1월 1일 이후에 공가 허가를 획득한 경우
기존 공동주택		승강기 설치 의무 규정 없음	
신축 다중이용시설ERP		수용 대중 규모에 따라 (2) • 상층 또는 하층에 50명 이상(교육시설일 경우 100명 이상) • 1층에 서비스 시설이 없을 경우에는 50인 이하(교육 시설인 경우 100인 이하)	
기존 다중이용시설ERP에 구조적 제약이 있을 경우	1군	수용 대중 규모에 따라 • 상층 또는 하층에 50명 이상(교육시설일 경우 100명 이상) • 1층에 서비스 시설이 없을 경우에는 50인 이하(교육 시설인 경우 100인 이하)	
	5종	수용 대중 규모에 따라 • 상층부와 하층부에 100인 이상 • 1층에 서비스 시설이 없는 경우 100인 이하	
	• 2007년 3월 21일 현재 기존 소형 숙박 시설PO (3)	승강기 설치 의무 규정 없음 • 2006년 8월 1일 법령 17조의 규정에 부합하는 시설에 해당하는 방(도판 6.16~6.18 참조)이 1층에 있을 때 • 시설물이나 방이 상층에 위치하는 시설물이나 방과 유사한 용도에 해당할 때	

(1) 지하나 지상 2층 이상에 주거가 있을 때 해당. 만일 지층(지상 1층)이 여러 개 있을 경우에는 외부 보도에서 진입하는 높이가 가장 낮은 것을 지층으로 간주한다. 기준층의 층수에 산입하지 않는다. 수평 통행로 단차가 1.20m를 넘지 않을 경우 같은 층으로 간주한다.
(2) 엇갈린 층(즉, 수평 통행로 단차가 1.20m를 넘을 때)도 메자닌과 마찬가지로 규정 적용.
(3) 다음과 같은 소형 숙박시설PO에 적용.
- 별이 없는 경우, 별이 하나이거나 둘일 경우 층수가 최대 지층+3층일 경우(지층 상부에 3개층이 있는 경우)
- 분류되지는 않았지만 가격이나 시설이 동등한 것에 해당할 경우

건설 및 주택법CCH 111-5조

참조법령

승강기 준수사항: 신축 집합주택BHC의 경우

- 지상층 상부나 하부에 3개를 초과하는 층을 포함하는 공동주택은 의무적으로 승강기를 설치하여야 한다. 만일 지상에 면하는 층이 여러 개 있을 경우는 외부에서 보아 가장 낮은 곳에 있는 층을 지상층으로 본다.
- 층수는 외부에서 보아 가장 낮은 층으로부터 헤아린다. 기준층이 되는 층은 층수에 포함되지 않는다.
- 층 높이가 어긋나 있는 층(다시 말해서 수평이동 방향이 1.20m 이상 차이가 나는 층)에 주거가 있을 경우에는 이를 층수에 산입한다.

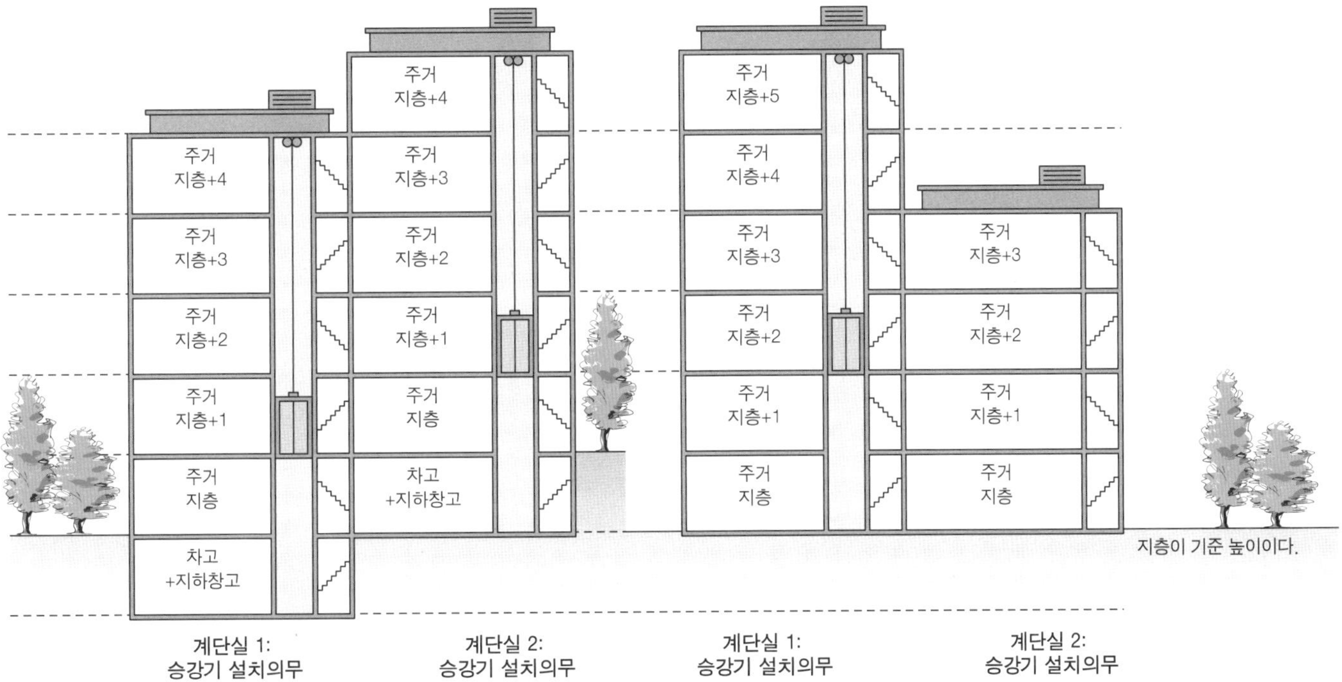

공통기술규정
승강기 준수사항: 신축 집합주택BHC의 경우

계단실 여러 개를 갖춘 건물의 경우

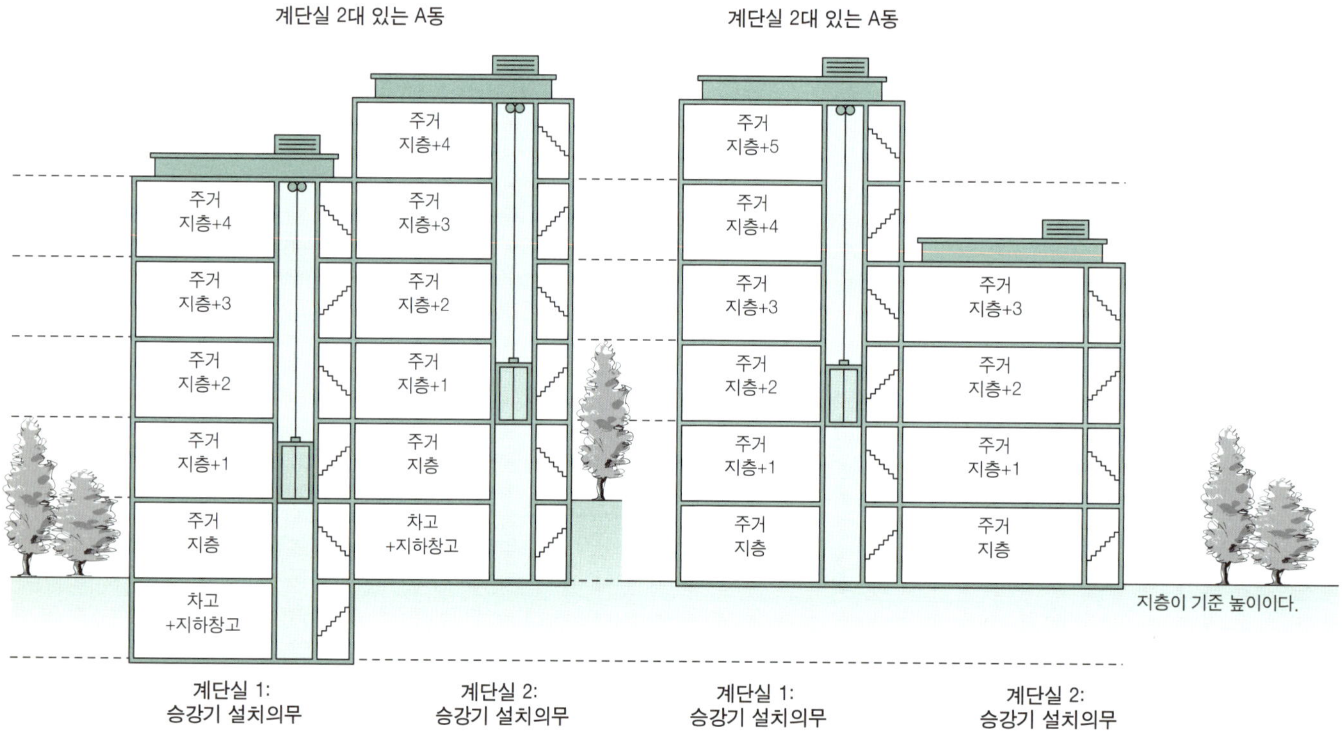

추후 설치용 승강기 예비시설 준수사항: 신축 집합주택BHC의 경우

건축허가서가 2008년 1월 1일 이후에 교부되었을 경우, 건물이 다음 경우에 해당할 경우, 의무적으로 승강기를 설치할 수 있는 준비를 해야 한다.

- 3층 혹은 3층 이하일 때
- 지층(RDC)의 바로 위층 혹은 바로 아래층이 승강기 1대에 15가구 이상이 연결될 경우

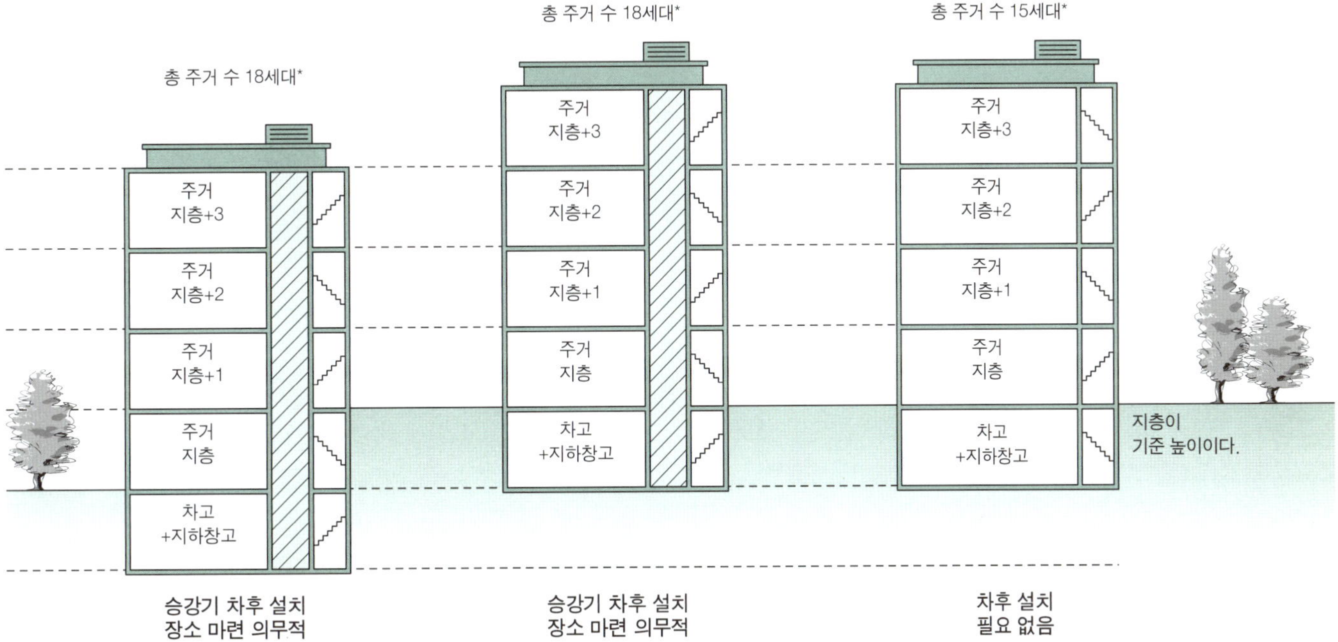

* 접근층에 있는 주거 수는 헤아리지 않음

공통기술규정
추후 설치용 승강기 예비시설 준수사항: 신축 집합주택BHC의 경우

승강기가 여러 대 있는 건물의 경우

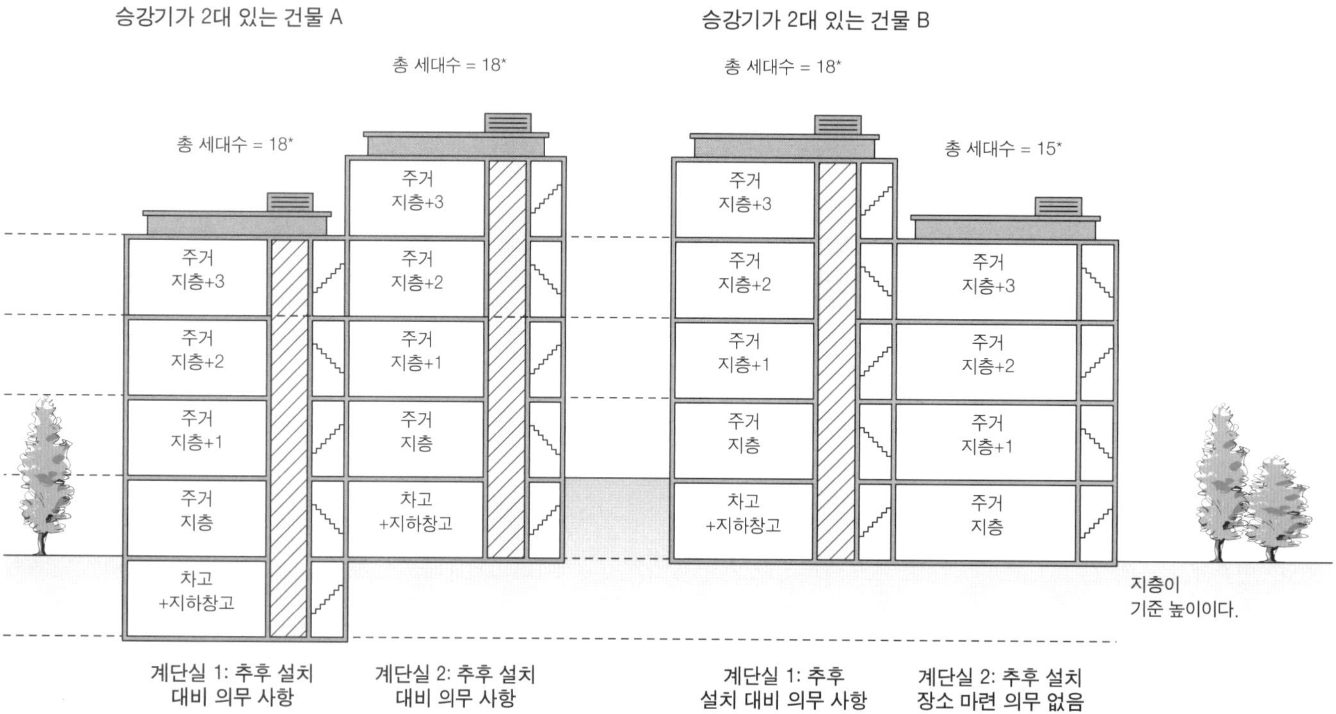

* 진입층(피난층)에 있는 세대수는 산정하지 않음

• 추후에 승강기를 설치할 때 기존 건물의 구조나 통로를 변경하도록 하여서는 안 된다.
설치될 승강기는:
- 초기 계획 단계부터 구조, 차음성, 단열성 제약을 고려해서 예측해야 한다.
- 주거층, 창고, 주차층, 공동이용시설에 모두 연결될 수 있어야 한다.

• 승강기가 건물에 설치될 예정일 경우, 건물 건설 개시부터:
- 주요 구조부(피트, 배수구, 환기구, 기계설비)와 차음재, 단열재를 설치하여야 한다.
- 개구부를 임시로 봉쇄할 경우에는 크기가 작은 조적재를 사용해야 한다.
- 구조 계산 시 추후에 승강기 출입구가 될 바닥을 고려해야 한다.

• 승강기가 외부에 설치되어 입면에서 돌출할 경우 다음 사항을 준수해야 한다.
- 추후 (승강기) 설비에 연결되어 내부 동선에 연결될 부분은 승강기가 설치될 입면에 닿아야 한다.
- 입면에는 나중에 해당 층으로 진입하게 될 입구를 포함해야 한다.
또한 추후 승강기 설치가 자치행정구역의 도시계획규정에 부합하는지 여부와 추후 건축 허가 규정에 적절한지 확인해야 한다.

건설 및 주택법CCH 111-18-8조
2006. 8. 1 개정명령
7조(다중이용시설ERP), 6조(집합주택BHC)
2007.3.21 명령, 6조
참조법령

5.27 승강기 설치

• 설치할 승강기가 다음과 같을 경우에는 프랑스표준NF EN 81-70(혹은 동등한 규정)에 적합해야 한다.
- 신축 혹은 기존 건물에 설치할 경우
- 의무 규정에 따라 설치하거나 건축주의 선택에 의해 설치할 경우

CE 표시가 된 승강기는 NF-EN 81-70에서 규정한 접근성 규정에 적합하지 않으므로 주의를 요한다.

• 설치될 승강기는 다음에 해당하는 장소에 연결되어야 한다.
- 집합주택BHC일 경우: 주거 세대가 있는 모든 층, 공용 설비와 창고 및 포도주 저장실이 있는 층
- 다중이용시설ERP: 다중에게 개방된 시설이 있는 모든 층

• 승강기는 건물 입구에서 보이거나 위치를 확인할 수 있어야 한다.
- 만일 승강기 여러 대를 선택적으로 사용하도록 되어 있을 경우에는 적절한 신호 체계를 아래 위치에 설치하여야 한다.
- 그리고 조작 버튼 가까운 곳

• 에스컬레이터나 움직이는 경사로로 설치 의무화된 승강기를 대체할 수 없다.

• 다중이용시설ERP일 경우 승강 장치로 승강기를 대체할 수 있다. 단, 해당 규정을 엄격히 준수하여야 한다. 그러나 신축 건물일 경우 승강 장치 설치는 허용되지 않는다.

승강기 승강실 유형별 제원

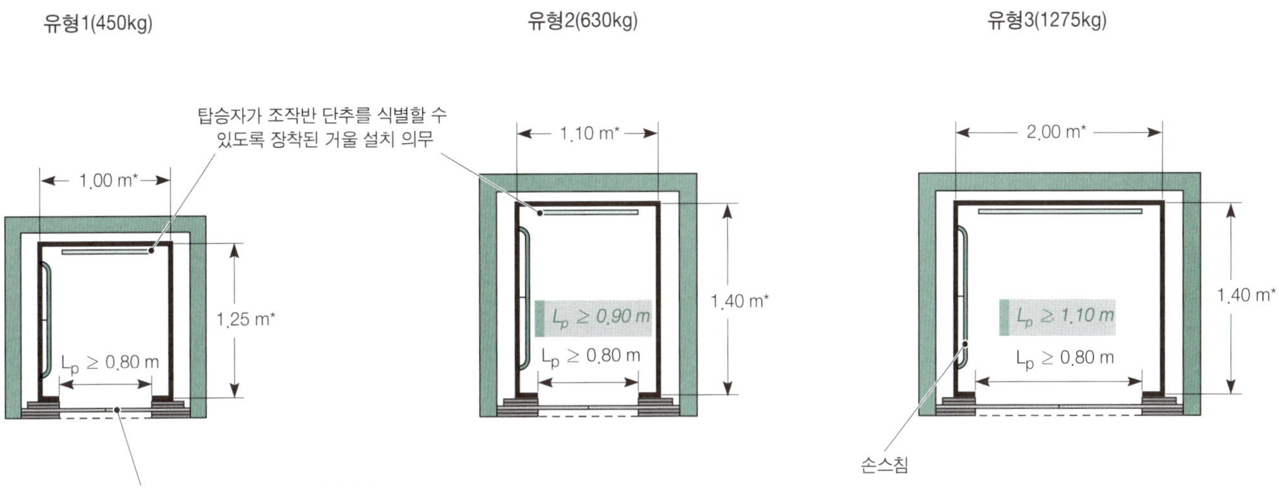

승강실 입구와 외부 덧입구는 수평미닫이로 열려야 한다.
승강실 정지 위치: ±1cm
승강실 정지 높이 오차 한도: ±2cm

(Lp: 자유로이 통행할 수 있는 개방 너비)

승강기가 어떤 유형이든 개방너비 Lp는 80cm 이상이여야 한다.

* 승강기 케이지 안목치수 주의: 장식 부가 장치가 내부 치수를 15cm 이상 줄여서는 안 된다.

도판

5.28

공통기술규정
승강기 승강실 유형별 제원

설비장치(의무규정은 아님)

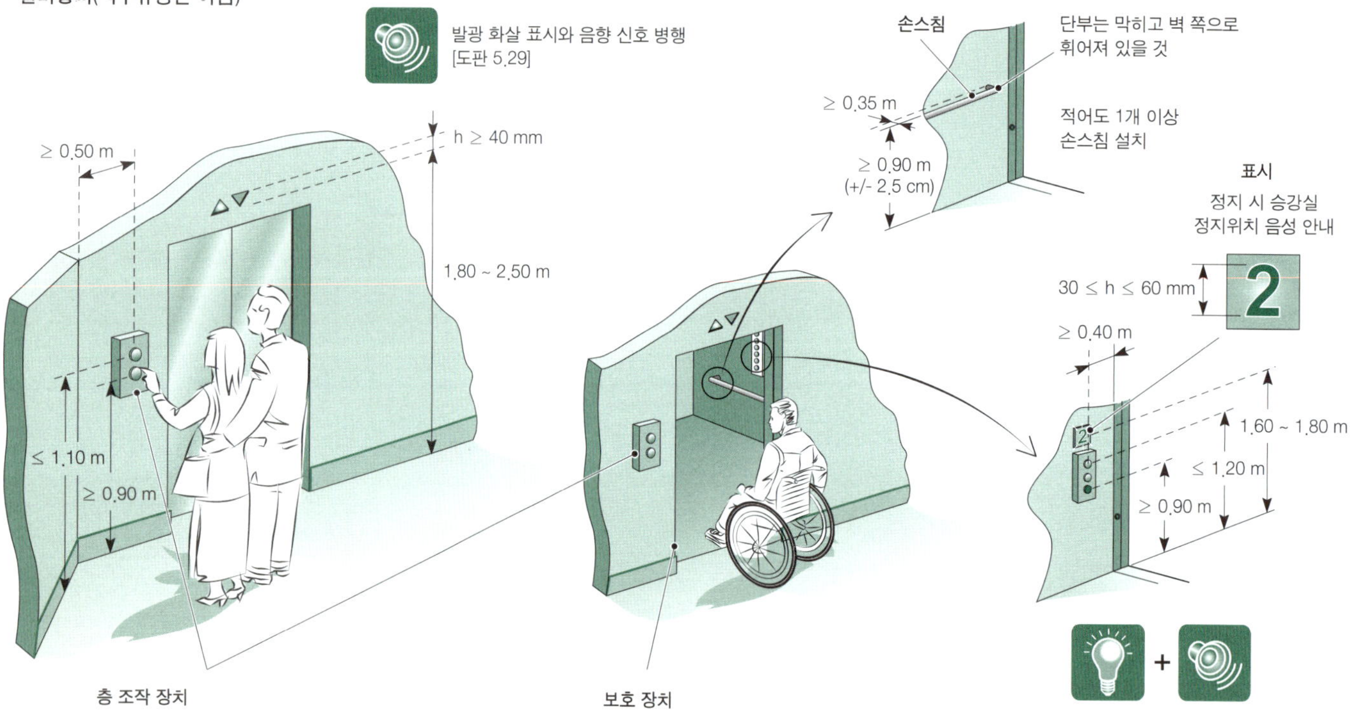

층 조작 장치
- 버튼 수직 배치
- 버튼 돌출+대비+조작 시 매번 음향 신호

보호 장치
- 사용자와 문짝이 부딪히지 않도록 할 것
 (예를 들어 광탐지 장치)
- 승강실 레일로부터 25mm와 1.80m 높이에 설치

응급구조 신호장치,
시각 및 청각 신호장치
(35~65dBA) [도판 5.29]

조작단추

- 원형 혹은 정사각형
- 조작면 면적 490mm^2 이상, 지름 20mm이상 돌출+주위와 대비될 것
- 표시체 높이 15~40mm
- 조작할 때마다 음성 신호 수반
- 조작 압력 2.5~5N
- 단추 돌출 높이 0.8mm 이상

비상 단추: 응급 시스템 가동, 노랑 바탕

열림 단추

닫힘 단추

층 표시 체계

출구층
다른 조작 단추에 비해 5mm돌출(녹색 권장)

정원으로 나가는 층과 같이 중간층일 경우 익숙한 층 표시가 필요해서 RDJ로 표시된 단추를 사용할 수 있다. 또한 단추 측면에 정원으로 나가는 층이라는 표시를 부기할 수 있다.

승강실 내 조작반 설치 위치

- 승강실 문짝이 중앙에서 좌우로 열릴 경우 승강실로 들어오는 방향 우측 설치
- 승강실 문짝이 한 방향으로 개폐될 경우 닫히는 쪽에 설치
- 승강실 개폐가 두 군데로 될 경우 두 번째 조작반 설치 필요

조작반 설치(수평, 수직 가능)

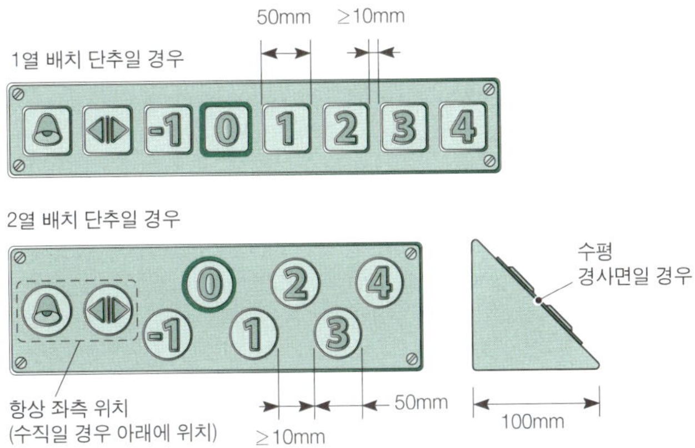

층 순서

- 수직 배치일 경우 아래에서 위로
- 여러 표시열이 있을 경우 좌측에서 우측 + 아래에서 위로

5.29 기존 승강기 (개량) 공사

건설 및 주택법CCH R 111-18-8 2007년 2월 26일 명령 제5조 2007년 3월 31일 명령 제6조

참조법령

기존 집합 주택

아래 사항에 관련되어 개량 공사를 할 경우
- 승강기 층간 움직임 표시
- 승강기 조작반 설치
- 긴급 요청 장치

개량작업은 우측에 언급된 규정을 준수해야 한다.

기존 다중이용시설ERP일 경우

아래 표시된 경우 적어도 한 대 이상은 다음 규정에 적합해야 한다.
- 승강기 층간 움직임 표시
- 승강실 내부 조작반
- 긴급 요청 장치

집합주택BHC: 주거 세대가 없는 층에서만

다중이용시설ERP: 상승과 하강을 가리키는 두 개의 다른 신호

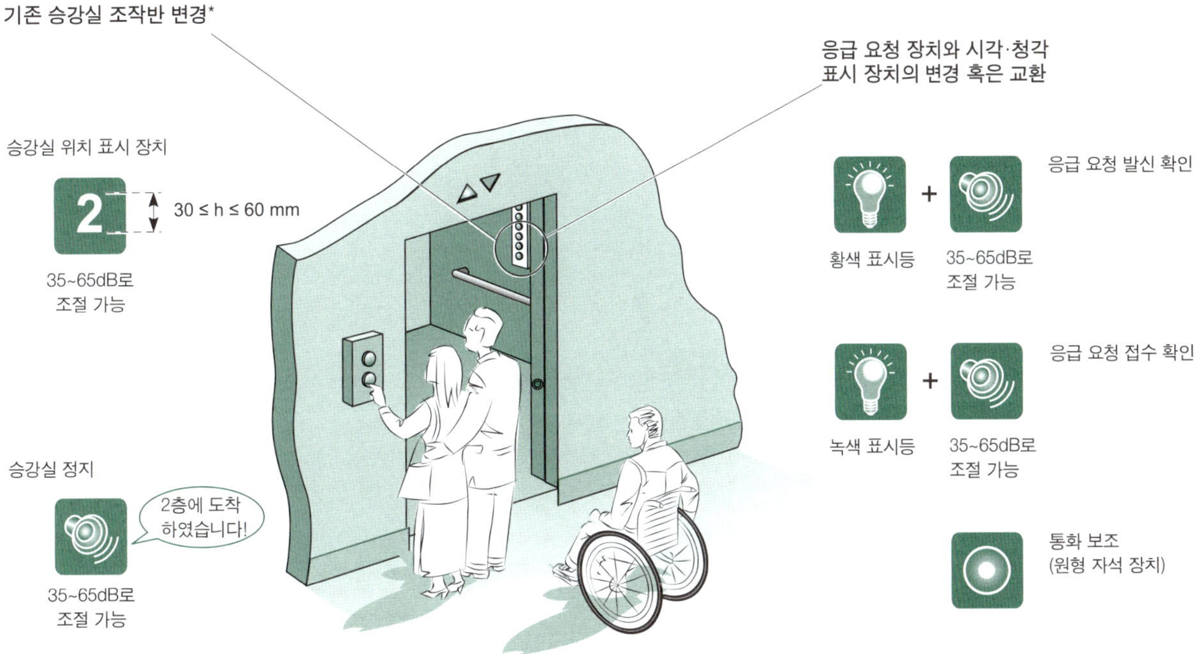

* 몇몇 조작 단추 변경은 조작반 변경으로 간주하지 않는다.

5.30 자동보도, 에스컬레이터, 자동 경사로

2006년 8월 1일 개정명령 제 8, 14조
2007년 3월 21일 개정명령 제7조

참조법령

- 자동보도, 에스컬레이터, 자동경사로는 승강기를 대체할 수 없다.
- 이들은 보행동로나 승강기와 이중으로 설치해야 한다.
- 통행 경로를 선택할 수 있도록 적절한 예고 표시 체계가 필요하다.

에스컬레이터의 경우 촉각 혹은 청각 알림 기능은 불필요하다. 손잡이 경사도가 달라지거나 계단이 사라지는 것으로 충분하다.

* 다중이용시설ERP에서 구조적 제한이 있을 때는 강제 사항 아님

안내와 표시

표시체계를 적절히 설치하기 위해서 다음 3가지 기준이 충족되어야 한다.

가시성

- 안내정보는 한 군데 모여 있을 것
- 주변 환경으로부터 돋보이는 바탕에 표시
- 표시체계는 반사, 눈부심, 역광 위치를 피해 위치와 방향을 결정할 것
- 표시 읽기와 보기는 앉거나 섰을 때 가능하도록(2.20m이하)
- 최소 1m까지 접근할 수 있을 것

가독성

바탕으로부터 대비되도록 표시
글씨 크기는 15mm 이상일 것(특정 경우는 4.5mm이상)

이해도

매번 규정된 아이콘과 그림기호를 사용할 것

완전 시각 장애우 혹은 약시자를 위한 안내

(장애우) 적응 통로

오름 에스컬레이터

입구

화장실

완전 청각 장애우 혹은 난청자를 위한 안내

(장애우) 적응 승강기

내림 에스컬레이터

출구

전화

수화 안내소

(장애우) 적응 화장실

(장애우) 적응 주차

만남의 장소

식당

5.32 건물 진입: 진입 조작 혹은 통화 장치

2006년 8월 1일 개정명령 제2조(집합주택BHC과 다중이용시설ERP), 4조(집합주택BHC과 다중이용시설ERP)와 18조(단독주택MI)

참조법령

이 장치는 다음 경우에 해당한다.

- 동작 명령 장치(자판, 스위치)
- 정보 교환 장치(스크린, 확성기, 마이크)

설치

- 주 출입구는 건축 요소 혹은 상이한 혹은 대조되는 재료를 사용해서 쉽게 식별되어야 한다.
- 조작 장치는 2006.8.1 개정명령[도판5.31]에 부합되도록 시각상, 표시체계상 대조되도록 하여 쉽게 식별되어야 한다. 이 장치는 응달에 위치해서는 안 된다.
- 거주자 이름이나 우편함이 설치되어야 할 경우 건물 주 출입구 층에 위치해야 한다.

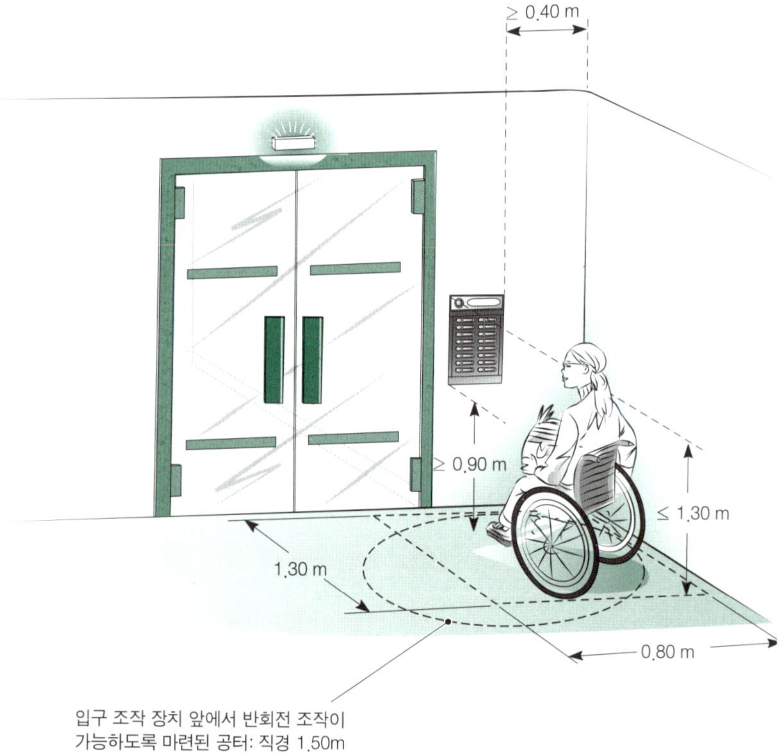

• 인터폰이 있을 경우
- 집합주택BHC일 경우 거주자 주택에 비디오 스크린과 수화기를 위한 자석 고리가 있어야 하며 (수화기는 장래 거주자가 자유로이 선택할 수 있도록 하기 위해서 설치하지 않을 수 있다.)
- 다중이용시설ERP에서는 근무요원에게 출입자가 직접적으로 보이지 않을 때는 비디오 스크린을 설치해야 한다.

집합주택BHC에 인터폰이 설치될 경우, 모든 경우에 길 쪽으로 카메라가 설치되고 방문자 영상 자료가 거주자 각자에게 전달될 수 있도록 연결되어 있어야 한다.

• 만일 문 개방장치가 전자식일 경우
- 열림 명령 장치와 문손잡이가 가까이 있거나
- 개방 기간이 충분히 길도록 조절할 수 있도록 해야 한다.

카메라는 출입자의 크고 작음에 상관없이 모두 찍을 수 있도록 설치한다.

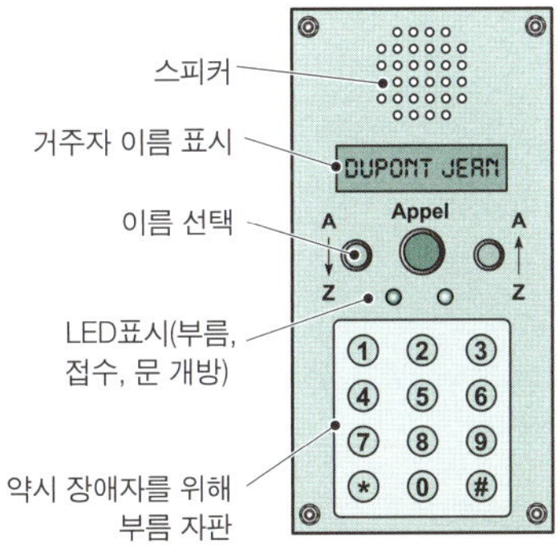

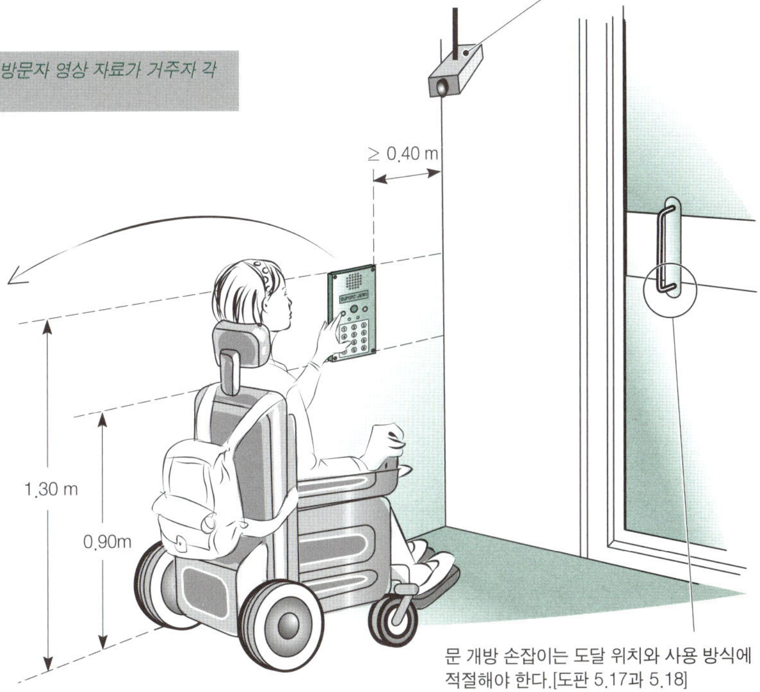

복잡한 조작이 연속되거나 빠른 조작이 필요한 장치는 적절하지 않다.

문 개방 손잡이는 도달 위치와 사용 방식에 적절해야 한다.[도판 5.17과 5.18]

5.33 다중이용시설ERP에서 주차장 출입 조작 장치

2006년 8월 1일 명령 제3조

참조법령

출입 조작이 근무 요원에게 직접 보이지 않을 경우

- 작동과 관련된 표시 체계는 시각적이고 동시에 청각적이어야 한다.
- 장치를 통해 근무 요원이 운전자를 볼 수 있어야 한다.

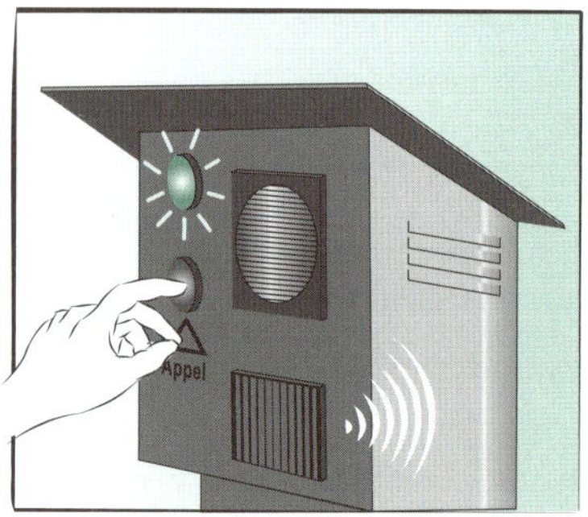

2006년 8월 1일 개정명령 제 9조(다중이용시설ERP), 7조(집합주택BHC)

참조법령

바닥, 벽, 천장 마감재

• 바닥, 벽, 천장은 시각적 · 청각적 장애가 일어나도록 설치해서는 안 된다.

• 양탄자가 위에 부착되거나 끼워져 있을 경우:

- 휠체어가 나아가는데 방해가 되지 않도록 단단해야 한다.
- 돌출부는 2cm이하여야 한다.

• 건물에 설치된 흡음재나 흡음마감재는

- 주거와 집합주택BHC 내부 공용 통로에 설치된 경우와
- 다중이용시설ERP의 리셉션이나 대중 대기 장소와 다중이용시설ERP 식당에서는 바닥 흡음율 25% 이상을 확보해야 한다.

해당 바닥을 결정하고 설치된 재료에 걸맞은 음향 성능을 제공하는 것은 건축가 소관 사항이다.

거울이 설치되었을 경우
- 반사가 눈부심 원인이 되지 않도록 유의할 것
- 반사가 이동 중 혼동을 유발하지 않도록 유의할 것

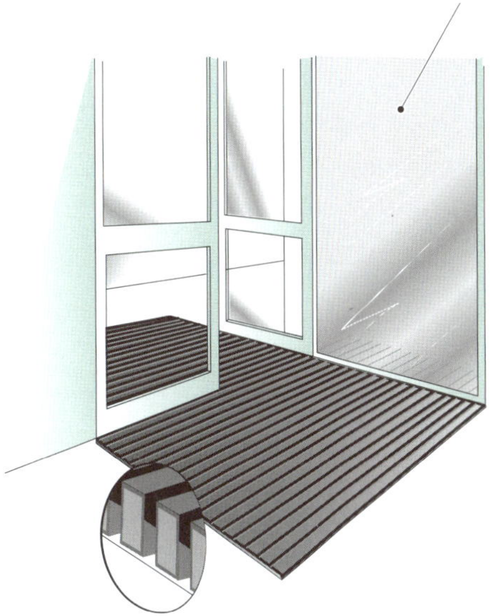

적절한 바닥재 사례
• 코코넛 섬유제 흙털개, 엮음 마감 권장
• 섬유 보강된 고무 그물코가 있는 요철형 고무 제품
• 알미늄과 고무 혼합 직조 제품

5.35 바닥에서 측정한 조도

2006년 8월 1일 개정명령 제14조(다중이용시설ERP), 10조(집합주택BHC), 18조(단독주택MI)

참조법령

	해당 건축물	조도
외부 통행로	다중이용시설ERP 집합주택BHC 단독주택MI	20
주차장(지붕이 덮히거나 아니거나)의 보행자 통로	다중이용시설ERP 집합주택BHC	50
주차장	다중이용시설ERP 집합주택BHC	20
내부 수평 통로	다중이용시설ERP 집합주택BHC	100
내부 공용 계단	다중이용시설ERP 집합주택BHC	150
가동 시설	다중이용시설ERP	150
응접 카운터	다중이용시설ERP	200
공용 장소	집합주택BHC 단독주택MI	100

- 통행자 자동 인식 장치가 있을 경우, 이동자가 한 지역에서 다른 지역으로 이동할 때 소등 순간이 없도록 계획 되어야 한다.
- 점멸 간격이 있는 경우 소등이 점진적이어야 한다.
- 조명원은 사용자가 앉거나 섰을 때 눈부심이 없어야 하며, 신호 장치에 반사광이 닿아서는 안 된다.

통행로 가까이 설치된 유리문 혹은 유리벽

유리창 (경고) 표시 체계는 DTU39 규정에 따라 (도판에서 회색부분) 하거나 띠(도판에서 보라색)로 설치한다.

DTU39 규정에 따른 유리창 가시화 표시체계

• 틀이 있는 문일 경우 가시화 표시는 다음과 같이 한다.
- 면적 400cm² 넘는 수직 혹은 수평 손잡이(A)
- 면적 100cm² 넘고 바닥으로부터 1.50m 높이에 불투명한 표기(B)
- 혹은 위와 동등한 표시 체계

• 기타 유리창 가시화 표시는 다음과 같이 할 수 있다.
- 유리창 수평 길이 1m당 면적 400cm²인 띠를 지상으로부터 1m 위치에 설치하거나(C)
- 수평 길이 1.50m당 100cm² 이상 불투명한 분절 패턴을 바닥면으로부터 1.50m 높이에 설치(D)
- 위와 동등한 표시체계

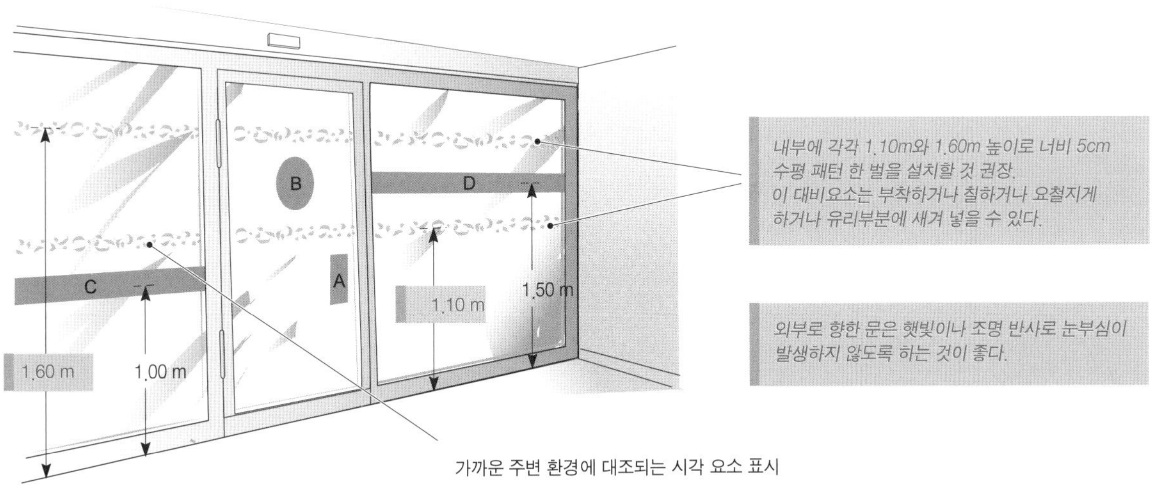

5.37 장애우 전용 주차 장소 표시와 크기

2006년 8월 1일 개정명령 제3조(다중이용시설ERP과 집합주택BHC)와 19조(단독주택MI)
2007년 3월 21일 명령 제4조
참조법령

	장애우 전용 주차장	위치	표시체계
집합주택BHC(주민 이용 주차 시설)	전체 주차 대수의 5%	• 건물 입구 부분이거나 • 엘리베이터 인근	의무 조항 없음
집합주택BHC(방문객 이용 주차 시설)	전체 주차 대수의 5%		바닥 표시
단독주택MI	최소한 1대 이상 (1)	• 대지 내 혹은 • 대지 외 가능하나 이 경우 대지 진입구에서 30m 이내(2). 주차장을 여러 단독주택MI이 공유할 수 있다.	의무 조항 없음
다중이용시설ERP	전체 주차 대수가 500보다 작을 경우 : 2% 500보다 클 경우 자치단체 규정에 따름	다음 각 항의 근처에 설치 - 입구 - 공용홀 - 엘리베이터 구조적 제한이 있을 경우 다중이용시설ERP에서는 위치 제한 없음	• 바닥 표시 • 세운 간판 표시

(1) 대지에 주차장이 2개소 이상 설치될 때, 실내와 실외에 각각 1개소씩 설치될 경우 둘 중 하나에는 장애우가 접근 가능해야 하며, 특히 실내 주차장에서 그리할 것을 권장한다. 또한 실외 주차장 1개소만 설치될 경우에는 최소한 장애우 접근이 가능한 공용장소이어야 하고 해당 주택에서 30m 이내에 있어야 한다.
(2) 여기서 대지 진입구라 함은 단독주택MI이 지어져 있는 대지의 진입구를 뜻한다. 주택에 개인 소유마당이 없을 경우에는 주택 입구까지 거리가 30m 이내가 되어야 마땅하다.

집합주택BHC 중 엘리베이터 설치의무가 없고 지층에 주거가 있으며, 주차장은 지하에 있고, 장애우 접근 가능 전용 주차시설이 필요한 경우에는 다음 사항 중 한 가지를 충족시켜야 한다.
- 지하와 모든 주거층을 연결하는 엘리베이터가 있을 것. 이 경우 모든 주거층은 모두 동일하게 장애우 접근성이 있어야 한다.
- 지상층 외부에 건물에 진입할 수 있는 주차 시설을 갖출 것.
- 또는 ≪경사로 길이를 충분히 설치할 수 없는 건설 상 문제≫가 있다는 서류상 검증을 받을 것.

만일 공중에 개방된 다중이용시설ERP 주차장이 실내와 실외에 있을 경우, 2% 충족 요건이 실내와 실외로 분리될 필요는 없다. 우선적으로 건물 입구나 입구홀이나 우선되는 엘리베이터 근처에 설치한다. 방문객용 주차장이 여러 군데로 나뉘어 있고 모든 장소에 장애우용 주차장이 있지 않을 경우에는 주차시설 입구에 들어서자마자 장애우용 주차장의 위치를 표시하는 안내판을 설치하여야 한다.

장애우 전용 주차장소의 표시와 크기

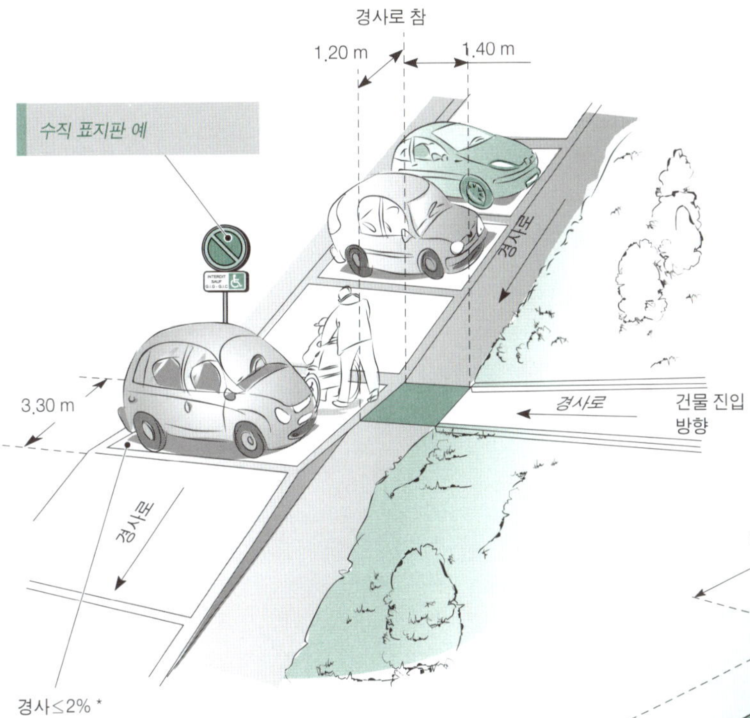

배수를 위한 경사는 주차 면의 가로 방향이나 세로 방향 모두 설치할 수 있다.

[도판5.35]	
50 lux	지붕이 있거나 없는 주차 시설 내 보행통로
20 lux	주차장 모든 지점에서

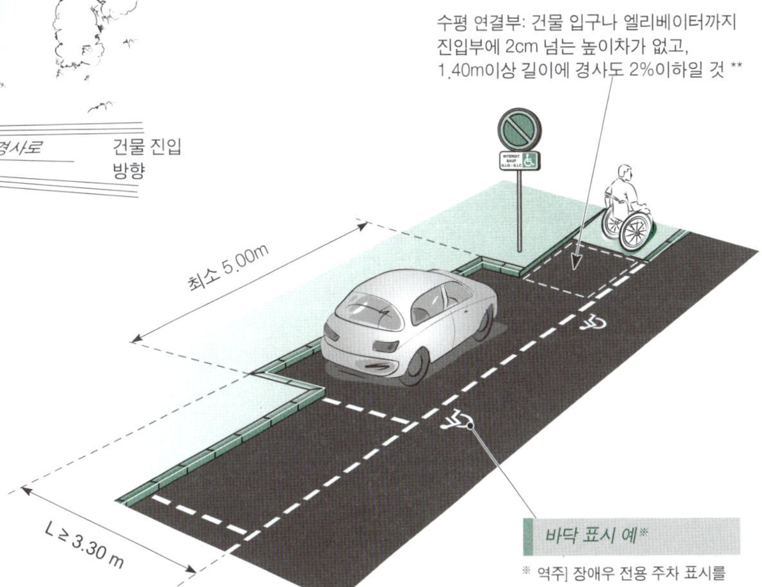

※ 역주] 장애우 전용 주차 표시를 외부에 하면 주차 시 장애자 표시가 가려지는 것을 막을 수 있도록 한 점

* 기존 다중이용시설ERP이고 구조적 제약이 있을 경우는 3%이하
** 기존 다중이용시설ERP이고 구조적 제약이 있을 경우 면제

5.38 벽으로 구획된 주차 시설 내 주차

2006년 8월 1일 개정명령 제 3조(다중이용시설ERP과 집합주택BHC), 19조(단독주택MI)

참조법령

휠체어를 탄 사람이 주차된 자동차에서 나올 수 있어야 한다.

출입구와 주차장 전면이 걸쳐있을 때

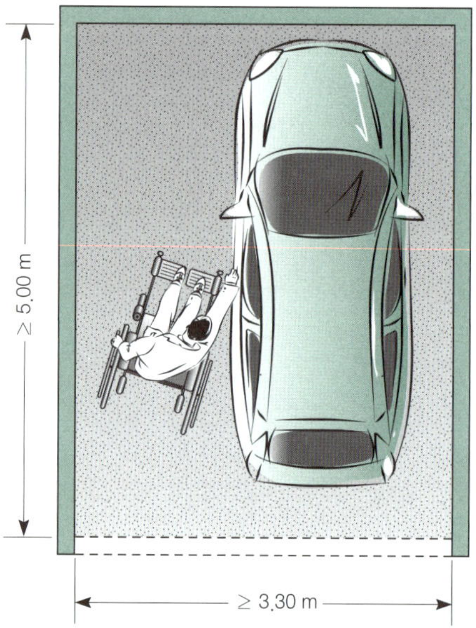

대안으로 주차박스 주변에 휠체어가 통과할 수 있도록 폭 80cm의 부출입문을 설치해 주는 방안이 있다.

휠체어를 탄 사람이 주차된 자동차에서 나올 수 있어야 한다.

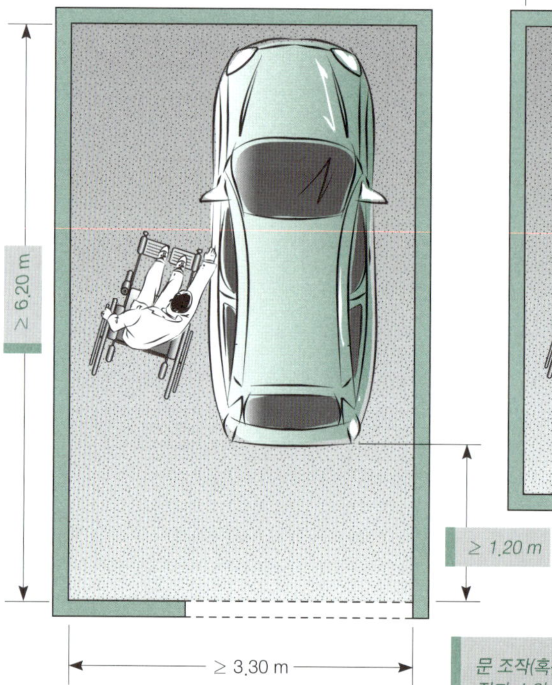

주차박스가 닫혀있을 때 내부 조명 설치는 의무 아님

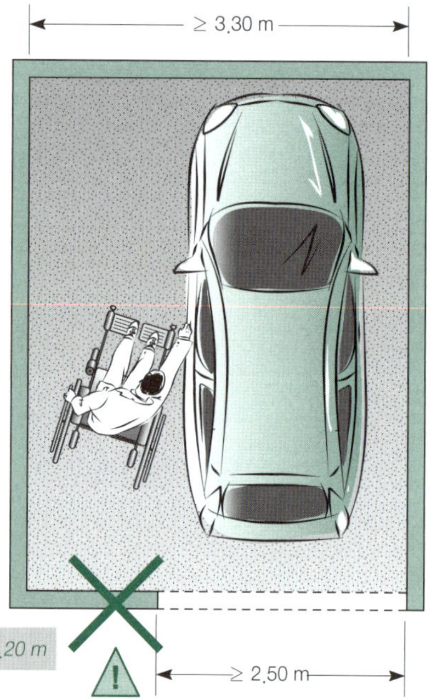

문 조작(혹은 필요한 보호 조치)은 도달거리와 전자 스위치 위치의 사용 편의 규정을 준수해야 한다 (앉은 자세에서 고려한 위치, 힘 조작 용의성).

6

다중이용시설ERP과 공중 개방시설IOP 기술특기사항

6.1 ‘다중이용시설ERP’과 ‘공중개방시설IOP’ 정의

건설 및 주택법CCH 123-2
도시주택건설국DGUHC 회람
n° 2007-53
참조법령

‘다중이용시설ERP’

건설 및 주택법CCH 123-2조에서 ‘다중이용시설ERP’ 에 대해 다음과 같이 정의한다.
대중을 수용하는 시설로서 자유 입장객, 기부 입장객을 포함하여 모든 형식의 참여자를 수용하는 시설이거나 초대 혹은 유 무료 입장객에게 열려있는 모든 건물, 장소 구획을 형성하는 곳을 가리킨다. 이 시설에 받아들여진 모든 사람은 직원이건 아니건을 막론하고 공중의 일원으로 간주한다.

‘공중개방시설IOP’

‘공중개방시설IOP’ 은 관련된 시설이 매우 다양하여 법령상 정의를 부여받지 못했다.

이 개념은 ‘다중이용시설ERP’ 개념을 보완하기 위해 만들어졌으며, 피난 규정에 적용되지 않는 장소이지만 장애우 접근성은 적용되는 특정 장소를 정의한다.

다음과 같은 곳은 ‘공중개방시설IOP’ 로 간주한다.

- 다중이용시설ERP과 거기에 설치된 시설에 사용되는 공공 혹은 사적 공간. 단, 특정한 신체적 능력을 필요로 하는 시설(예를 들어 어린이용 거대시설, 암벽 등반 체험 시설, 스키장 등은 장애우 접근성 규정을 준수하지 않아도 된다)은 제외한다.
- 공원 주 순환로나 유락 항구에 떠 있지 않은 시설 같이 다중이용시설ERP에 포함되지 않는 고정시설(반면 등산 산책로나 해변 산책로 같은 자연 시설은 ‘공중개방시설IOP’ 이 아니다.).
- 캠핑장이나 관광 숙박을 목적으로 개발된 기타 부지의 건축되지 않은 부분.

공공도로상에 위치한 도시가구나 시설은 ‘다중이용시설ERP’ 이나 ‘공중개방시설IOP’ 에 관련한 규정을 따르지 않고 도로에 관련된 법령에 따른다.
(포고령 n° 2006-1657과 n° 2006-1658, 2007.1.15 법령)

2006년 8월 1일 개정명령 제 5조, 9조, 14조
참조법령

창구 시설

창구가 여럿 있을 경우 적어도 창구 하나 이상은:
- 장애우 접근 가능해야 하고
- 장애우에게 우선적으로 개방되어야 하며
- 건물에 들어서자마자 안내 표시 장치가 있어야 한다.

흡음마감재(바닥, 벽, 천정)나 흡음재 면적은 바닥면적의 25%이상이어야 함 [도판5.34]

창구 전체가 장애우 접근 가능할 경우

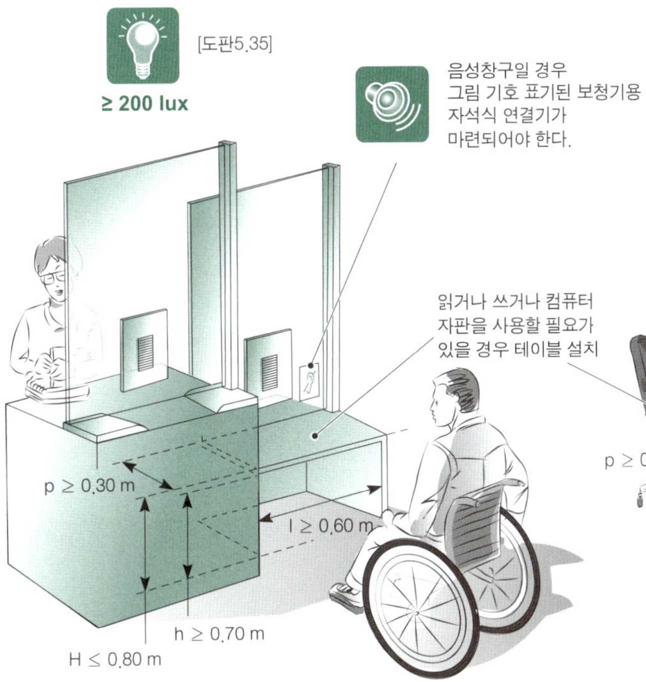

테이블 추가 설치로 장애우 접근 가능한 창구

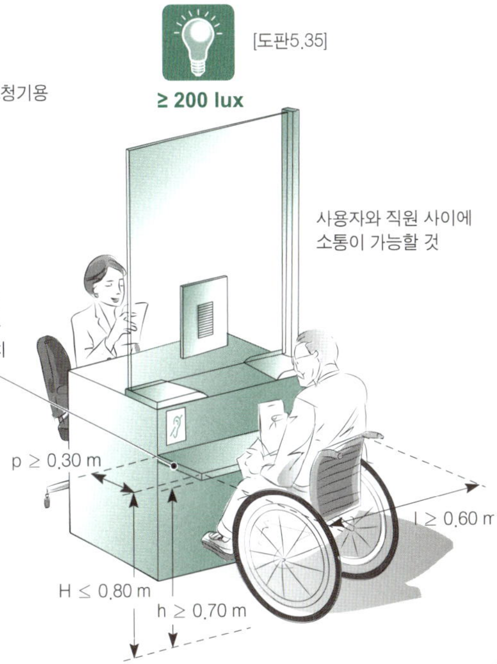

6.3 공중시설 및 조작반 적용 규정

2006년 8월 1일 개정명령 11조와 부칙 3조
참조법령

다수의 공중설비와 전자 지시반이 있을 경우 이 중 한 개소는 장애우가 접근 가능해야 한다.

각 시설과 장치 앞에 1.30 × 0.80m 사용 공간을 마련할 것

<table>
<tr><td>수동조작반</td><td>시각, 촉각 상 인지 가능할 것</td><td rowspan="2">0.90m ≤ 높이 ≤ 1.30m</td></tr>
<tr><td>보고 읽고 말하고 들어야 할 필요가 있는 시설</td><td>특별 조명과 시각적 대비를 통해 인지 가능할 것</td></tr>
<tr><td>서류 읽기, 쓰기, 자판 사용용 가구</td><td>특별 조명과 시각적 대비를 통해 인지 가능할 것</td><td>높이 ≤ 0.80m
하부 공간 비우기:
깊이 ≥ 0.30m, 너비 ≥ 0.60m, 높이 ≥ 0.70m</td></tr>
<tr><td rowspan="3">의사소통 혹은 안내장치</td><td>안내 창구 혹은 수동 판매</td><td>음성창구일 경우 그림 기호 표시된 보청기용 자석 연결기를 마련할 것</td></tr>
<tr><td>• 음향안내
• 동시 문자 표시 장치</td><td>시각 안내 장치 이중 설치</td></tr>
<tr><td>신호와 정보 안내 요소</td><td>2006.8.1 법령 부칙3에 부합할 것[도판 5.31, 6.5]</td></tr>
</table>

2006년 8월 1일 개정명령 제 11조

참조법령

공중시설 및 조작반 접근성

서류 읽기, 쓰기, 자판 사용용 가구

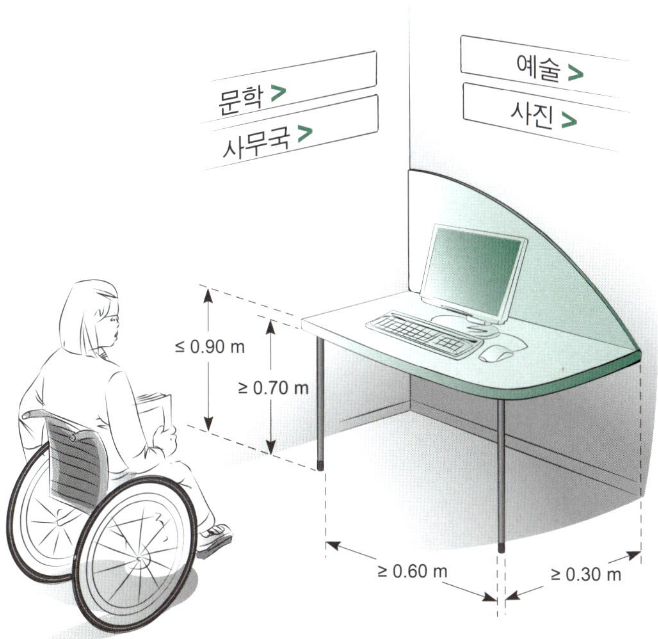

수동조작반과 보고, 읽고, 말할 필요가 있는 시설

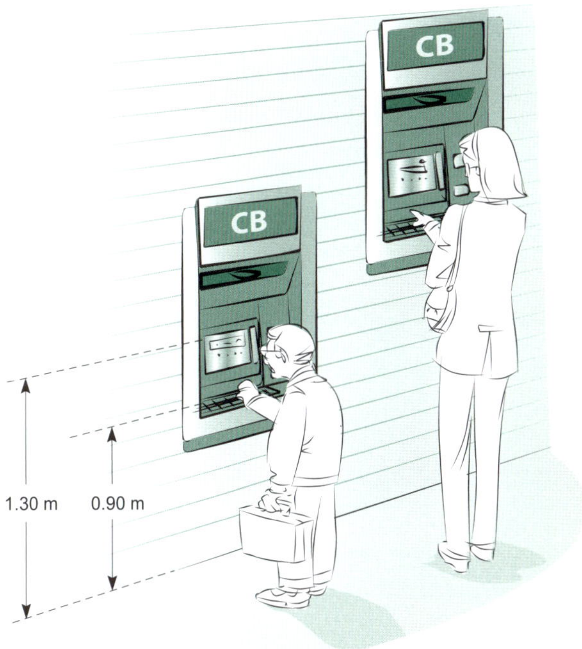

6.5 안내 및 표시 장치

2006년 8월 1일 개정명령 제 11조와 부칙 3조

참조법령

- 표시 및 안내 장치는 2006.8.1 법령 부칙 3항에 부합하도록 설치하여야 한다.[도판5.31]
- 모든 음성 안내는 표시장치가 있을 경우 시각 안내로 이중화 되어야 한다.

역으로 기술 상 가능한 경우 시각 안내 표시는 음성 안내 표시로 이중화 할 것을 권장한다.

2006년 8월 1일 개정명령 제12조
2007년 3월 21일 명령 제9조
참조법령

장애우용 화장실 개수와 위치

- 공중화장실은 층별로 장애우 접근 가능한 화장실이 있어야 한다.
- 장애우용 화장실은 다른 화장실과 함께 있어야 한다.
- 화장실이 성별로 구분되어 있는 경우 장애우용 화장실도 각 성별로 마련되어야 한다.

기존 다중이용시설ERP에서 구조적 제약이 있고 공공통행로에서 직접 접근할 수 있는 장애우용 화장실이 1개소 있을 경우 장애우 접근성 있는 화장실을 성별로 각각 설치하지 않아도 된다.

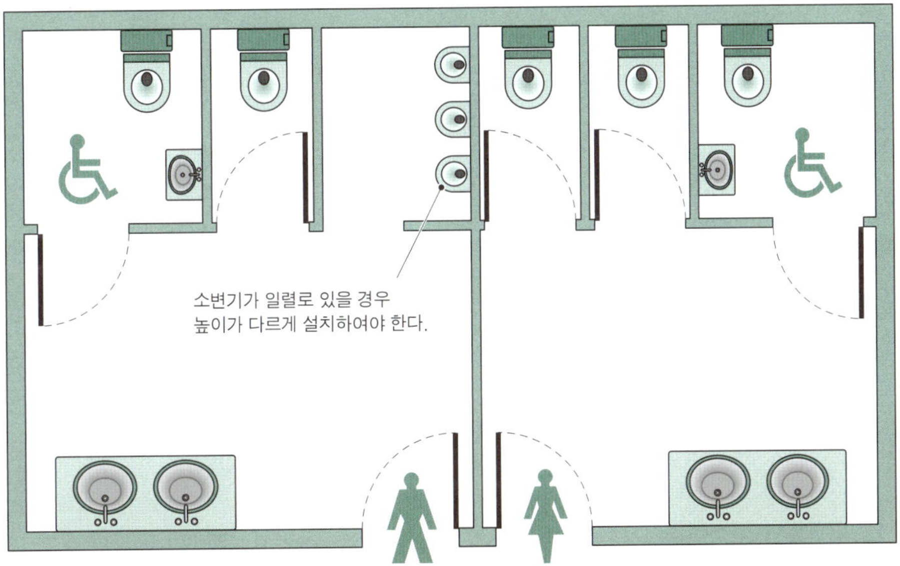

6.7 장애우용 화장실 구성

2006년 8월 1일 개정명령 제 12조

참조법령

화장실 자동 조명을 위해 재실 자동 감지 장치 권장

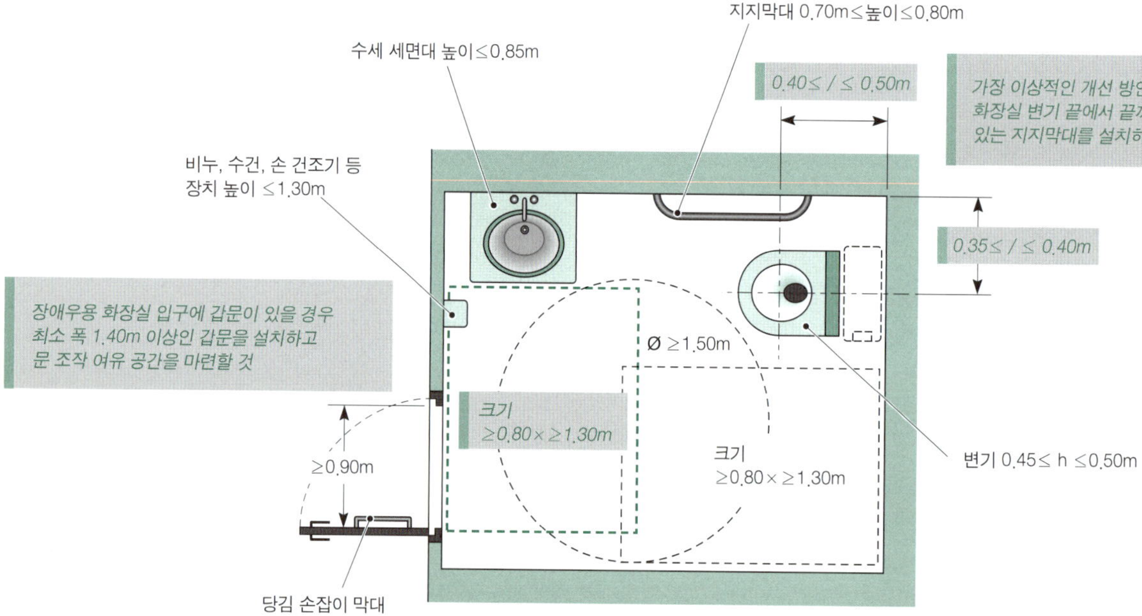

가능하면 내부에 회전 반경 확보
(안 되면 외부에 문 앞에 설치)

2006년 8월 1일 개정명령 제 12조

참조법령

장애우용 화장실 설치 규정 예

안팎에 달린 손잡이는 도판 5.17규정에 적합해야 한다.

열쇠꽂이에 열쇠가 꽂힐 수 있도록 할 것

문 외부 전면에 조작 여유 공간(1.40×2.20m)

변기와 나란히 놓인 사용 공간은 문 개폐 영역 밖에 있어야 한다.

화장실 내부에 180° 회전 가능한 공간≥1.50m 설치 권장

180° 회전을 위한 공간이 마련되었을 경우 화장실 내부에 별도로 문 조작 공간을 마련하지 않는 것은 용인된다.

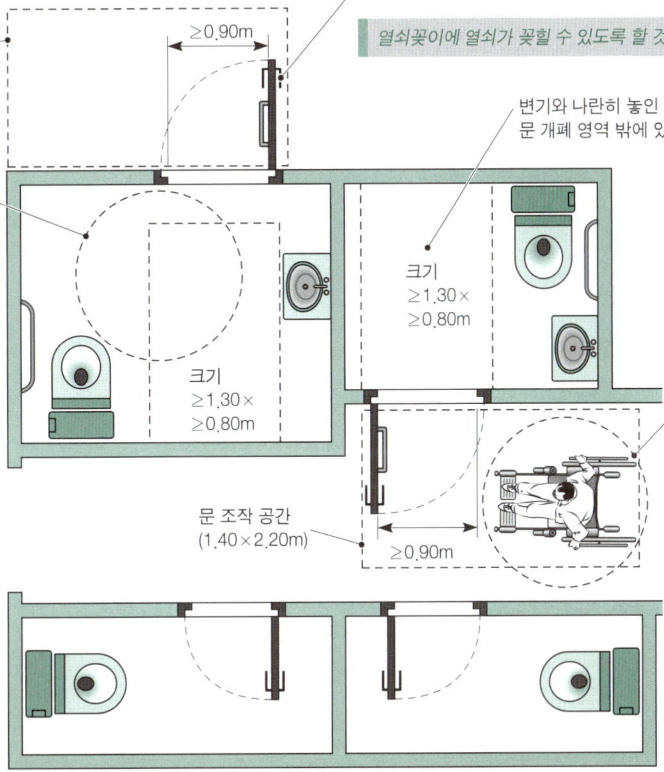

화장 부스 외부에 있는 조작 여유 공간 1.50m 이상

어떤 장애우 접근 검사관은 이 배치를 허용하지 않는다.

문 조작 공간 (1.40×2.20m)

기존 다중이용시설ERP에 구조적 제약이 있을 경우 조작 여유 공간은 문에 가까이 설치하여야 한다.

6.9 장애우용 화장실의 특성

2006년 8월 1일 개정명령 제 12조

참조법령

전면 출입일 경우 부착시설 하부 크기는 0.70m 이상

측면 설치 세면기의 경우 위 사항은 의무 사항 아님

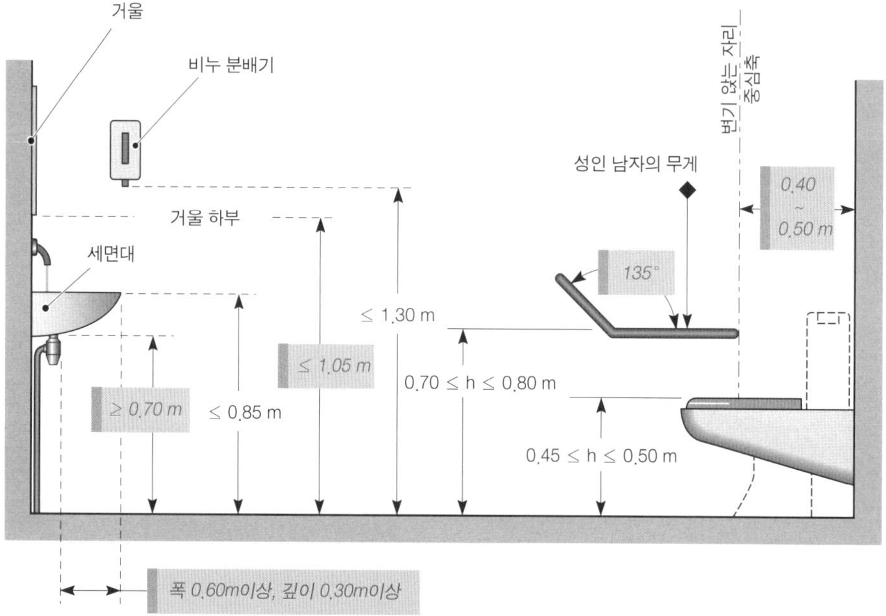

2006년 8월 1일 개정명령 제 12조
참조법령

장애우 접근 가능한 세면대

세면대 혹은 여러 벌 세면대 중 최소 한 개소는 장애우가 접근 가능해야 한다.
거울이나 비누 분배기, 손 건조기도 위와 같다.

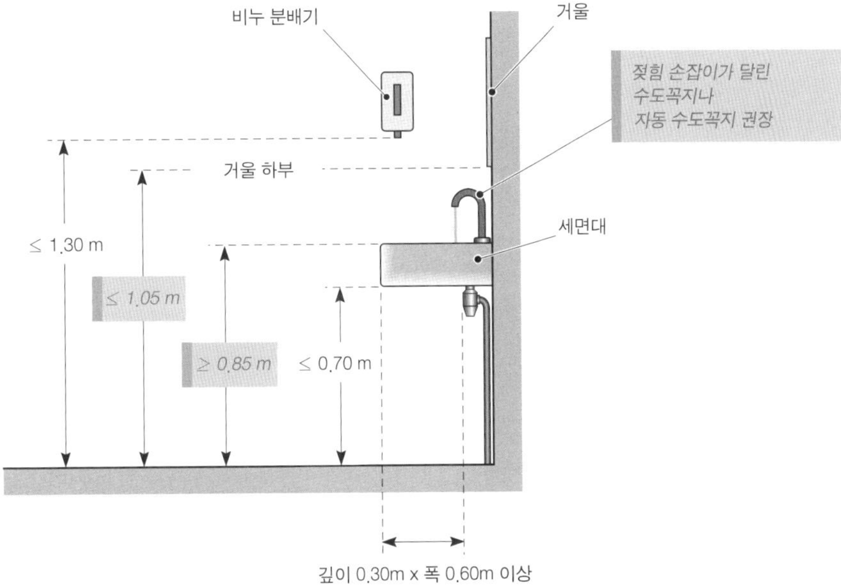

6.11 장애우용 샤워 시설과 탈의 시설 개수

2006년 8월 1일 개정명령 제18조

참조법령

- (장애우)통행이 가능한 동선 상에 있는 적어도 1개 이상의 탈의실에 장애우가 접근 가능해야 한다.
- 장애우 통행이 가능한 동선에서 출입할 수 있는 샤워실이 최소 1개소 있어야 한다.
- 장애우 접근 가능 샤워실과 탈의실은 일반 샤워실과 같은 위치에 설치하여야 한다.
- 샤워실과 탈의실이 성별로 분리되어 있을 경우 장애우 접근 가능한 샤워실이 각 성별 용실에 각각 최소한 1개소 이상 설치되어야 한다.

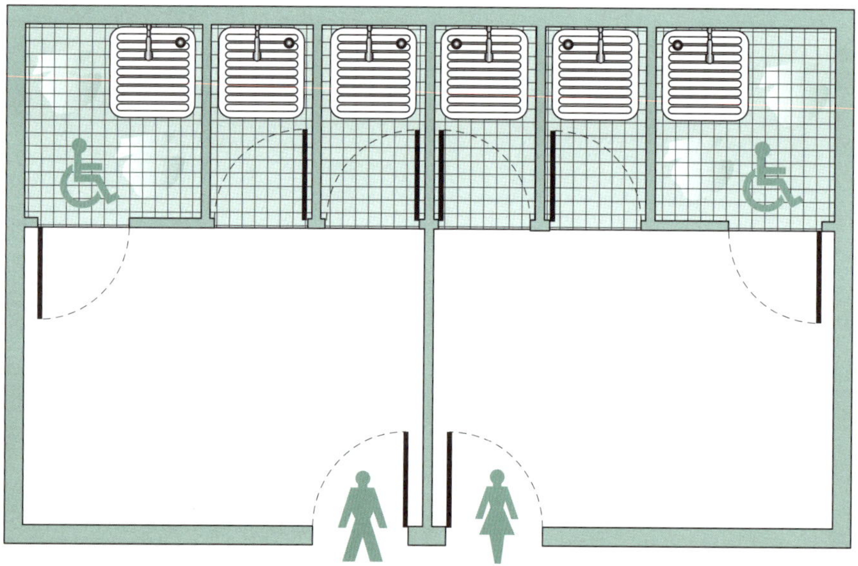

도판 6.12

2006년 8월 1일 개정명령 제 18조

참조법령

장애우용 탈의 시설의 특성

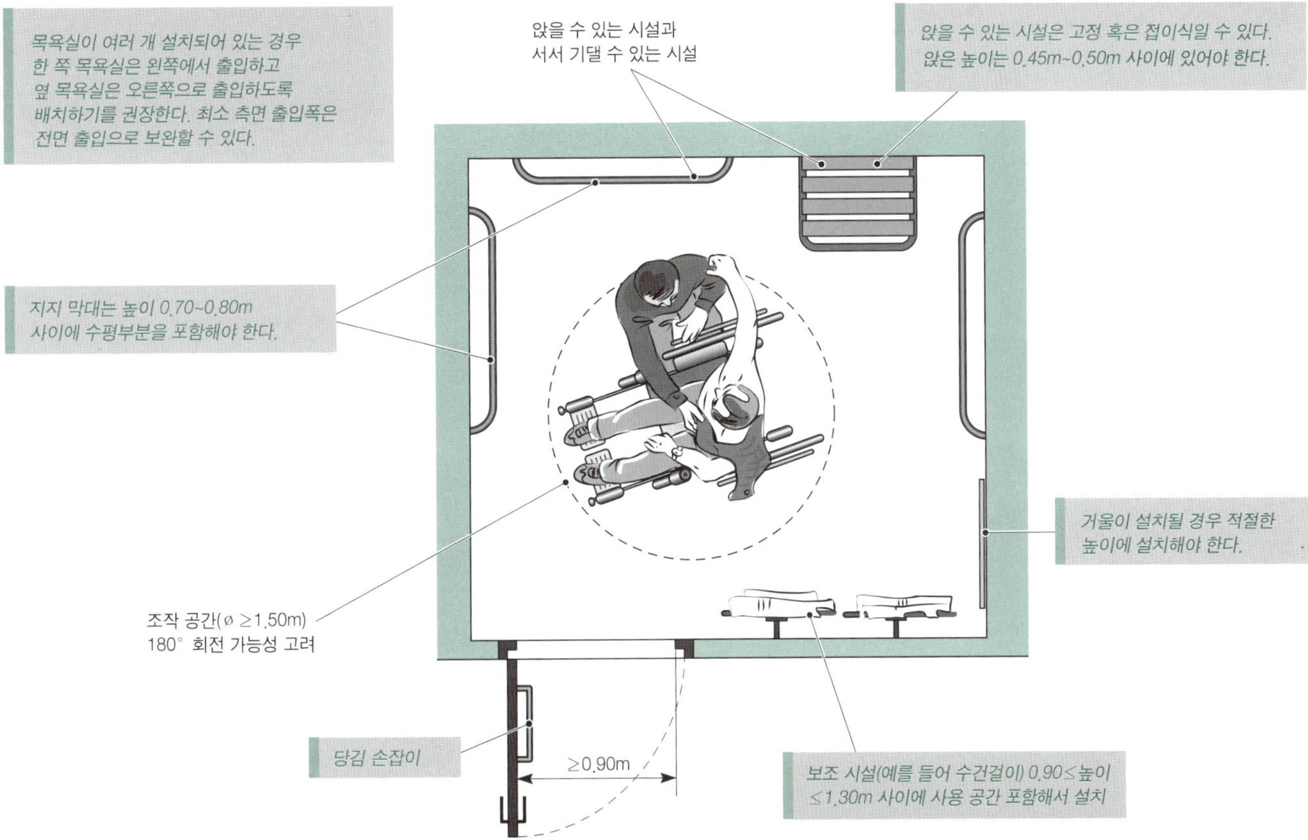

6.13 장애우용 샤워실의 특성

2006년 8월 1일 개정명령 제 18조

참조법령

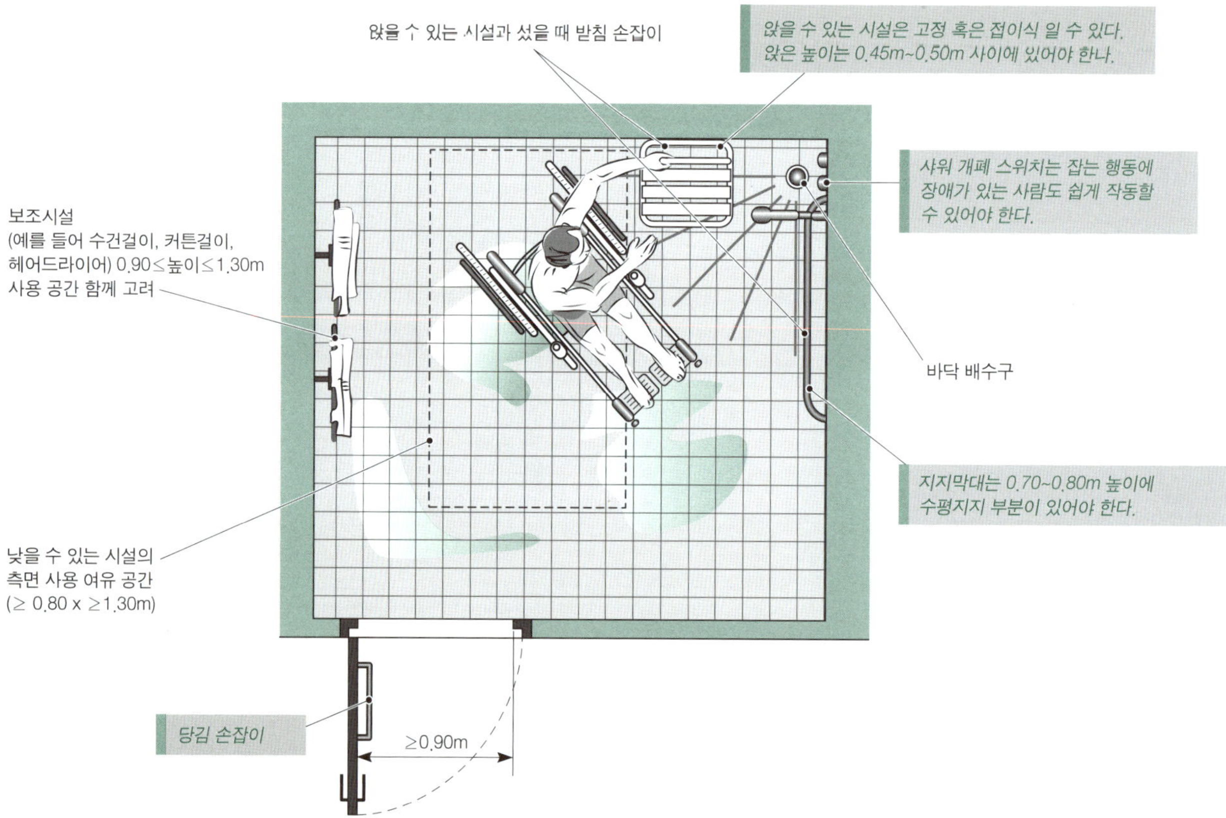

2006년 8월 1일 개정명령 제 9조, 16조

참조법령

장애우용 좌석의 숫자, 배치 및 특성

아래 사항은 객석 있는 시설에 적용 가능하다.

최소 좌석수

총좌석수	장애우용 좌석수
≤ 50	2
50<~≤ 100	50석 당 1석씩 증가
>1000	시 명령으로 규정(20석 이하일 수 없다.)

배치

좌석은 객석 등급별로 분산 배치해야 한다.

식당이나 다목적실에 특수한 배치가 없을 경우 장애우가 도착했을 때 기존 배치를 변경할 수 있어야 한다.

대기실이나 식당에서 마감재(바닥, 벽, 천장)의 흡음면과 흡음물체의 면적은 전체 면적의 25%이상이어야 한다.

진입

장애우 전용 좌석으로 진입은 건물 입구로부터 도달할 수 있어야 하고 2006.8.1 법령 내부 공간 통행에 관한 규정에 적합해야 한다.

[도판 5.11~15, 5.21~23, 5.35, 5.36]

6.15 장애우용 좌석의 크기와 배치

2006년 8월 1일 개정명령 제 16조

참조법령

아래 사항은 객석 있는 시설에 적용가능하다.

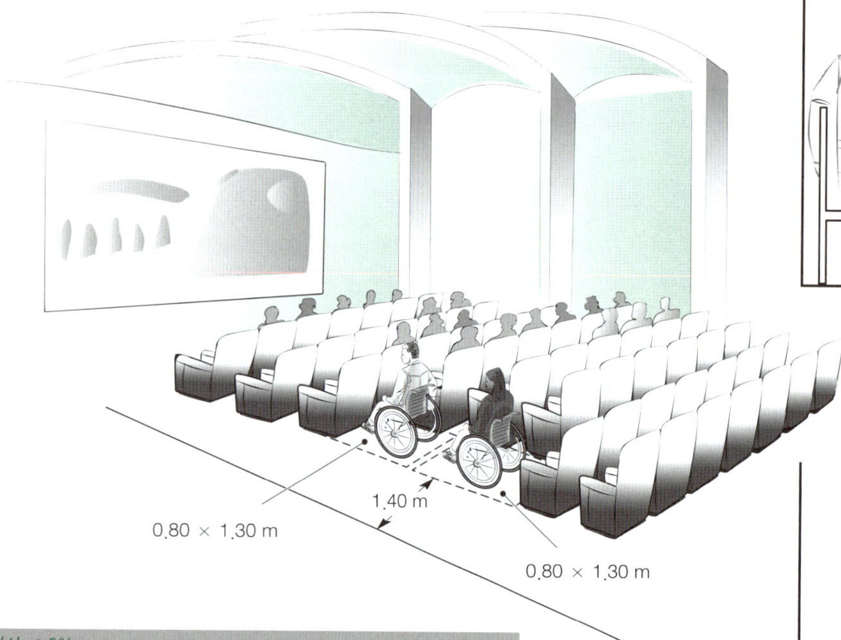

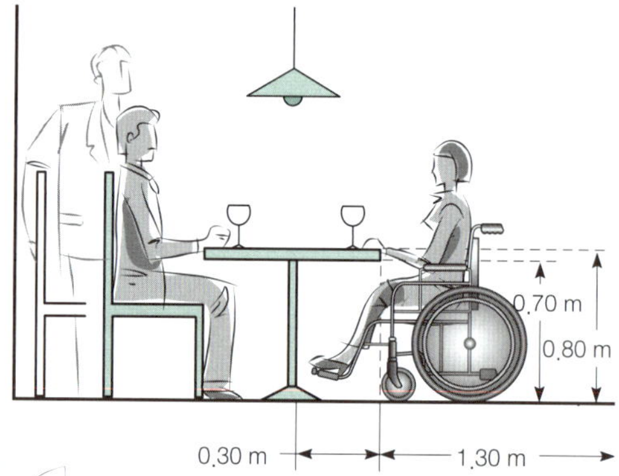

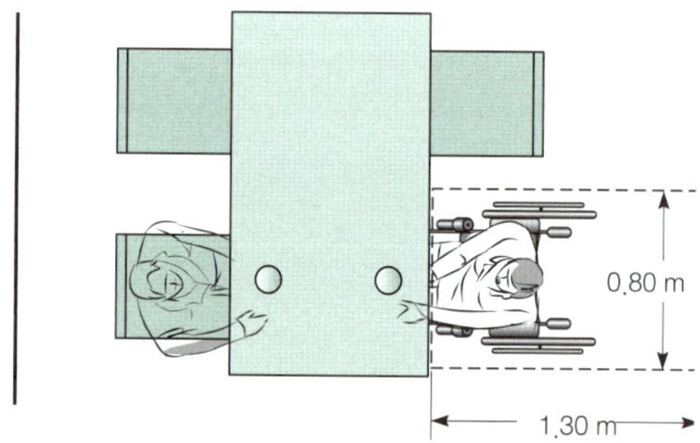

객실경사 ≤ 5%
좌석은 진입통로 옆에 위치해야 한다(삽도참조).
객실경사 5%
좌석은 진입높이에 있는 수평 부분에 위치해야 한다.: 객실의 상부 혹은 하부

2006년 8월 1일 개정명령 제 17조
2007년 3월 21일 법령 제10조와 제 11조

참조법령

장애우용 침실의 최소 수효와 위치

아래 사항은 숙박 포함 시설에 적용 가능하다.

		장애우용 최소 침실 수
신축 혹은 기존 다중이용시설ERP	침실 10실 이하 다중이용이설, 구조적 제한이 있는 경우 지층 혹은 엘리베이터로 통하는 상층부에는 적용 안 된다.	0
	다중이용시설ERP≤20실	1
	20실≤다중이용시설ERP≤50실	2
	다중이용시설ERP > 50실	2+50실 마당 1실 추가
	노약자나 거동 부자유자용 숙박 다중이용시설ERP	모든 침실

위 장애우용 침실은 엘리베이터로 닿을 수 있는 여러 층에 분산 배치해야 한다.

장애우용 침실에서 시설 입구에 연결되는 것과 더불어 기타 시설(식당, 거실, 휴게실, 오락실, 수영장 등)에도 연결되어야 한다.

6.17 장애우용 침실의 특성

2006년 8월 1일 개정명령 제 17조,
2007년 3월 21일 명령 제 10조, 11조

참조법령

아래 사항은 숙박 포함 시설에 적용 가능하다.

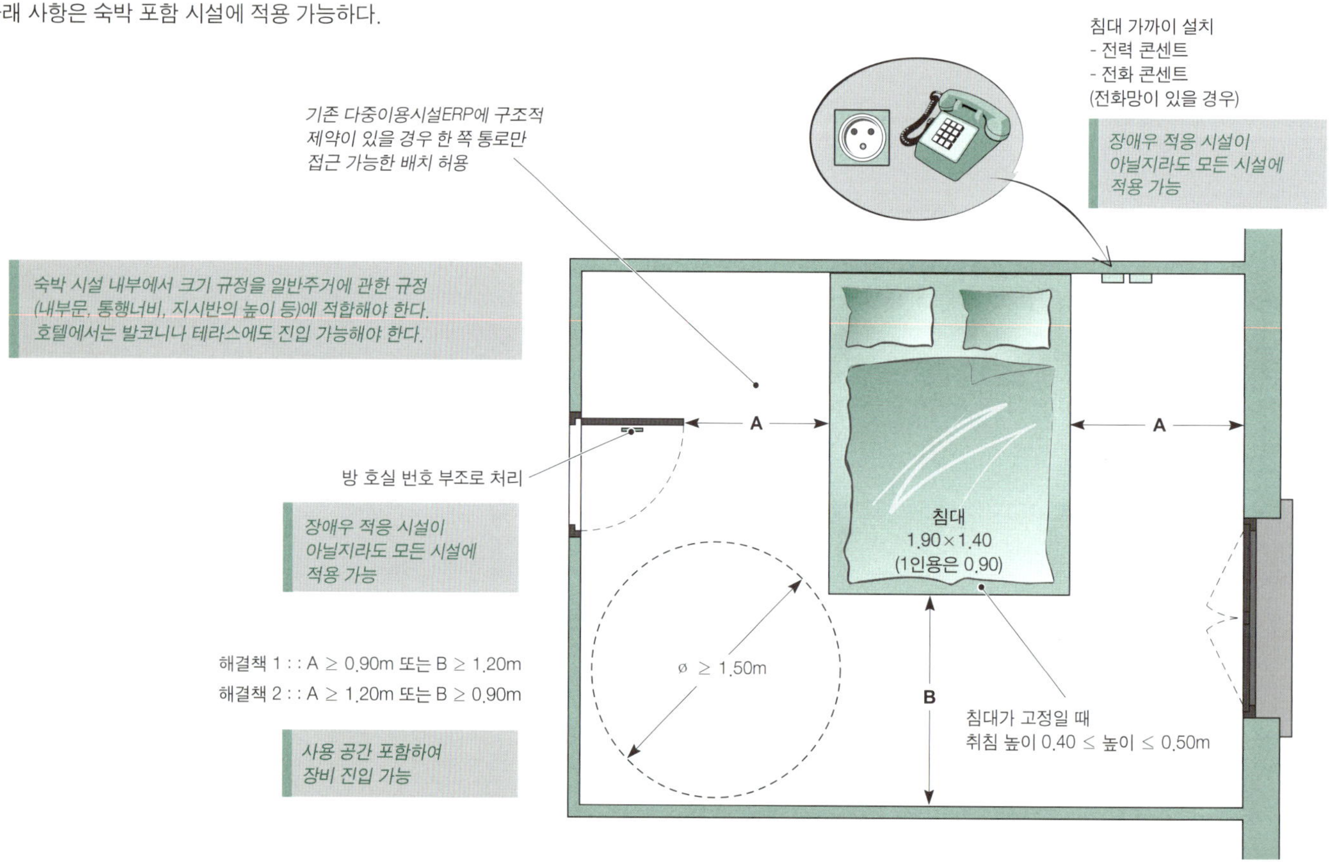

장애우용 위생기와 화장실

아래 사항은 숙박 포함 시설에 적용 가능하다

- 장애인용 화장실은 각 침실 혹은 각 층 공용 화장실에 한 개 설치하여야 한다.
- 장애인용 대변 부스는 각 침실에 1개소, 각 층 공용 화장실에 1개소 설치하여야 한다.

노약자 주거나 거동 부자유자 수용시설 침실 내의 모든 화장실은 장애인용 화장실, 샤워, 대변 부스여야 한다.

만일 공용 욕실에 욕조가 있을 경우 다음 사항을 갖추면 유용할 것이다.
- 욕조 뒤쪽에 높이 0.3m 편평한 부분이 있어서 휠체어 사용자가 욕조에 완전히 들어가기 전에 우선 앉을 수 있도록 한다.
- 움직일 수 있는 의자가 마련되면 좋다.
- 수도꼭지나 배수구 작동장치는 잡는 동작을 통해 장애우가 사용할 수 있도록 한다.(예를 들어 젖힘 수전 방식)

휠체어가 욕조 길이 방향으로 이동할 수 있도록 한다.

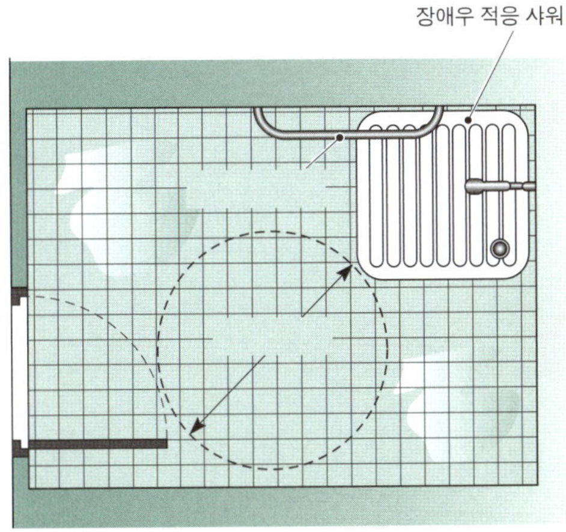

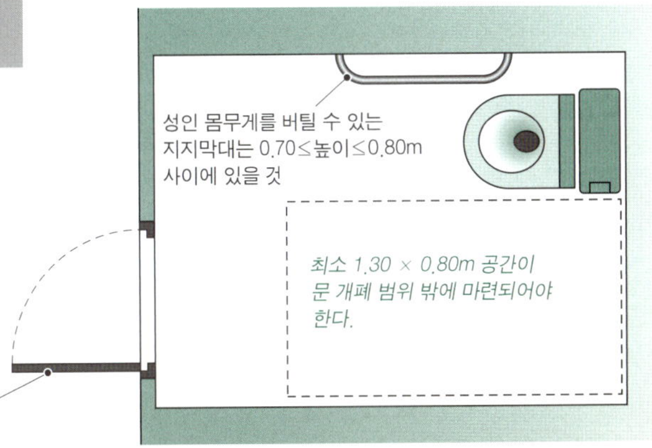

장애우 적응 침실에 부속되어 있는 욕실은 최소한 폭 0.80m 너비를 가져야 한다. 만일 욕실이 침실에 부속되어 있지 않을 경우 욕실 출입구는 공용통로로부터 출입가능하고 폭 0.90m 이어야 한다.

6.19 판매시설 설치 병렬 계산대 개수와 특성

2006년 8월 1일 개정명령 제19조

참조법령

최소 개수

- 계산대 20개소 당 1개소는 장애우 적응시설이어야 한다. 소수 아래 자리는 버린다.
- 장애우 적응 계산대는 균일하게 계산대 사이에 분배 배치한다.
- 만일 계산대가 여러 층에 걸쳐 있을 경우 위 규정은 매 층에 적용된다.

특성

- 장애우 적응 계산대는 폭 0.90m 이상 통로를 통해 접근할 수 있어야 한다.
- 계산대 시설은 시각장애우에게 가격에 대한 정보를 제공할 수 있어야 한다.

장애우 적응 계산대에 작은 테이블이 있어서 휠체어에 앉은 손님이 수표 등을 작성할 수 있도록 하면 좋다.

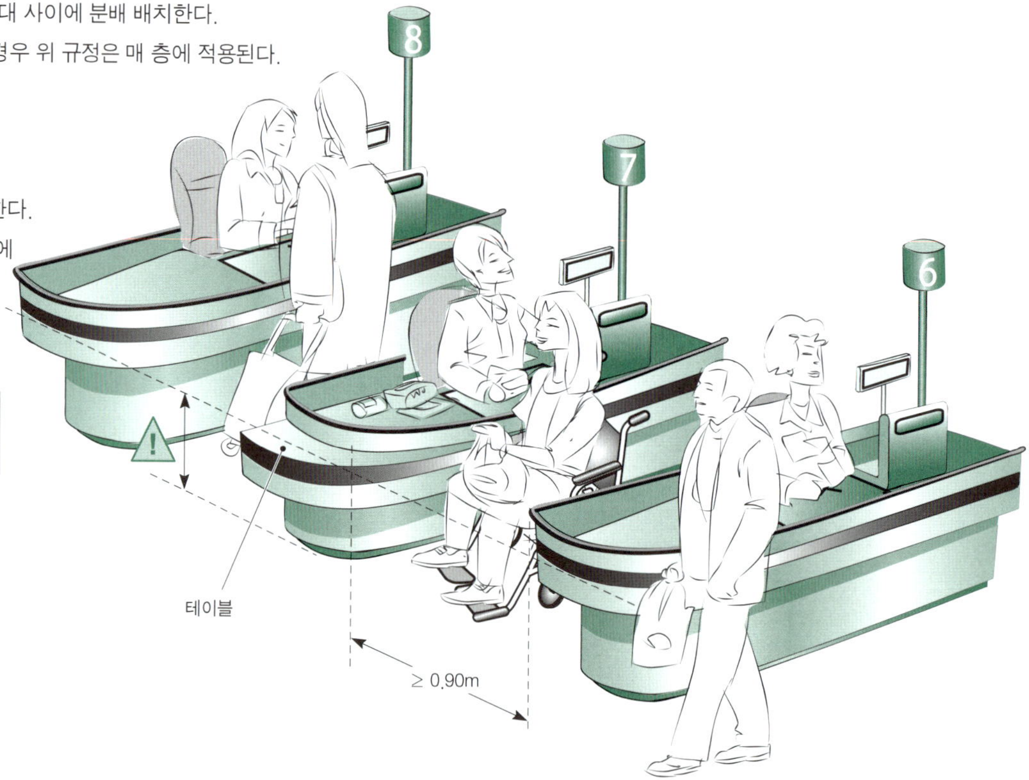

2006년 8월 1일 개정명령 제 13조와 부칙 3항

참조법령

출구인식표기

일상적으로 사용하는 출구, 다시 말해서 건물이 정상 상황에 있을 때 사용하는 출구는 건물 내 어느 지점에서도 인지할 수 있어야 한다.

이들 출구는
- 건물 모든 곳에서 모든 이에게 직접 쉽게 인식되어야 한다.
- 2006.8.1 명령 부칙 3항에 부합하는 표시판을 통해 식별할 수 있어야 하고 [도판5.31], 비상탈출구와 혼동되어서는 안 된다.

> 건축 계획과 시행 전문가는 ≪일반적으로 사용하는 출구≫와 소개가 필요한 경우를 제외하고 사용 금지된 출구를 구별하여 정의한다.

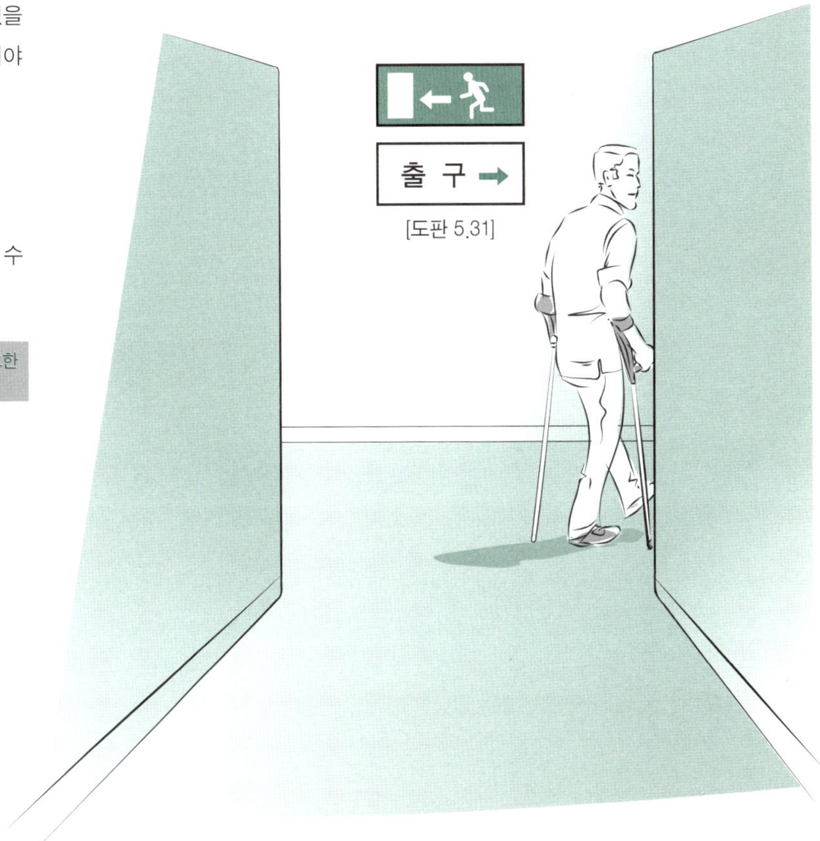

[도판 5.31]

7

주거 건물 적용 특별 기술 규정

7.1 집합주택BHC 건물의 정의

건설 및 주택법CCH R. 111-18조
도시주택건설국DGUHC 회람 n° 2007-53
참조법령

주거 건물은 다음 두 가지 조건을 충족시킬 때만 집합주택BHC로 간주한다.

- 적어도 두 세대 이상 주거가 겹쳐있어야 한다.
- 주거 세대 전체 혹은 일부에 연결되는 공용 건축 부분이 있어야 한다.

주거 1세대가 다른 주거에 수평으로 잇닿아 있을 때에도 주거가 겹쳐 있는 것으로 본다.

일련의 주거 세대가 띠 모양으로 연결되어 있을 때에도 주거가 겹쳐 있는 것으로 본다.

"주거에 연결되는 공용 부분"은 넓은 의미로 해석해야한다. 이 표현은 다수 주거에 공통되고 주거 일부 혹은 전체에 이르는 수평 혹은 수직 통행부를 가리킨다. 또한 우체통이 있는 곳이나 저전거 보관소, 쓰레기통, 오물적치장 같이 복수의 주거 부에 소용이 되는 장소나 구조물을 가리키기도 한다.

"공용건축부분"이라 함은 단순한 대지 정리와는 다르게 건설 공사나 토목 공사가 수반되는 모든 개발 행위를 가리킨다.

집합주택BHC이 아닌 모든 주거 건물은 단독주택MI 혹은 단독주택단지로 간주한다.

주거 건물 구분 사례

L1과 L2는 서로 겹치고 L2와 L3도 겹친다.
건물에는 공공통행로가 갖추어져 있고
주거 3세대가 겹쳐있다.

↓

집합주택BHC

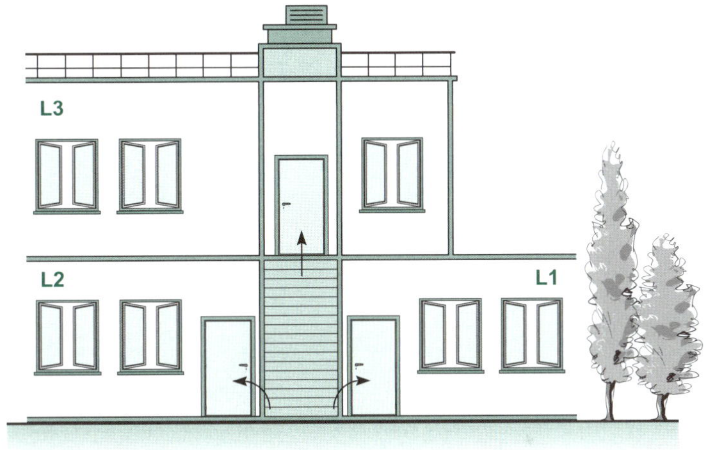

L1과 L3 일부가 겹치고 L2와 L3가 완전히 겹친다.
건물에는 건축된 공공통행로가 갖추어져 있고
주거 3세대가 겹쳐있다.

↓

집합주택BHC

L3 역시 (장애우가) 진입 가능해야 한다.
이 경우 L3에 도달하는 엘리베이터 1기 설치가 의무적이다.

이 경우 경제적 관점에서 보면 엘리베이터 설치가 불합리하다. L3의 접근성 규정을 완화할 필요가 있다. 이 주거에 연결되는 계단은 손스침 사이 너비가 0.90m로 할 수 있고 해당 주거는 기본적 요건만 충족하면 된다.
(쪽방주거는 장애우 접근성을 충족시키지 않아도 된다.)

주거 건물 적용 특별 기술 규정

주거 건물 구분 사례

L1과 L2는 서로 겹치고 L2와 L3도 겹친다.
건물에는 공공통행로가 갖추어져 있고
주거 3세대가 겹쳐있다.

집합주택BHC

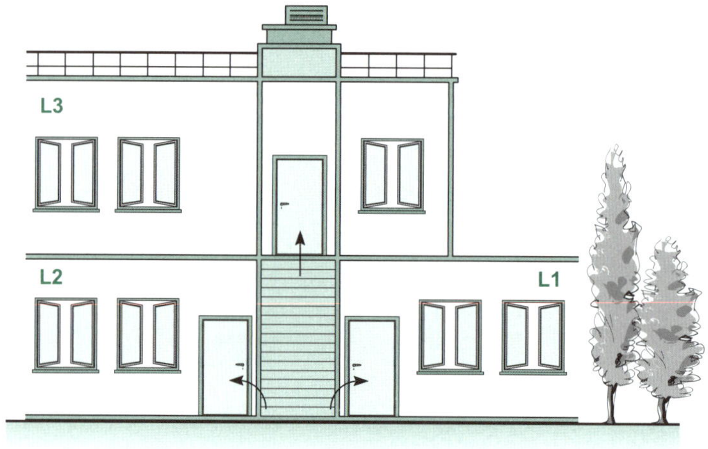

L1과 L3 일부가 겹치고 L2와 L3가 완전히 겹친다.
건물에는 건축된 공공통행로가 갖추어져 있고
주거 3세대가 겹쳐있다.

집합주택BHC

L1과 L2는 다중이용시설ERP과
위에서 측면으로 잇닿아 있다.
이 경우는, 예를 들어, 기능성 주거이다.

단독주택MI

이 두 주거는 각 단독주택MI에 장애우가 접근 가능해야 하므로 엘리베이터 설치가 의무 사항이다. 따라서 경제적 이유로 설치가 불가능할 때는 완화 신청을 해야 한다.

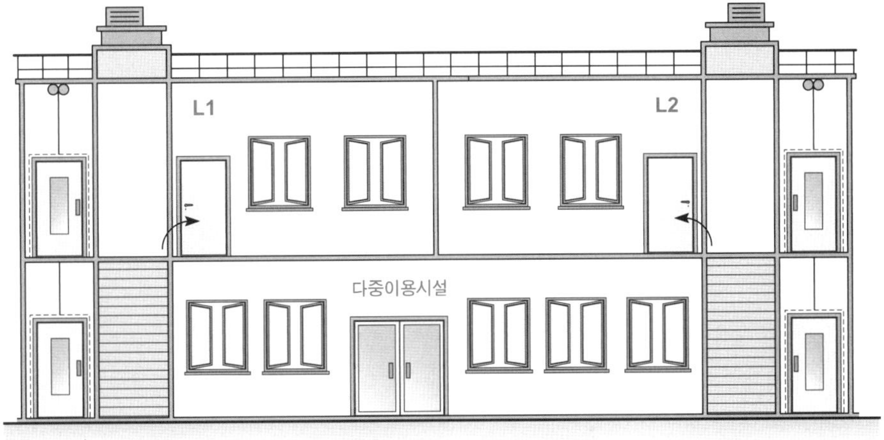

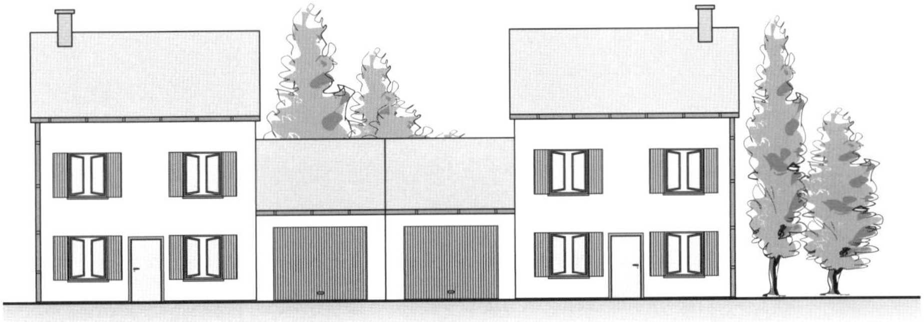

L1과 L2는 옆으로 잇닿아 있다.

단독주택MI

7.3 1.20m이상 단차가 있는 집합주택BHC에서 내부 수평이동

2006년 8월 1일 개정명령 제 6조

참조법령

진입층과 주거나 공용 공간, 지하창고 등에 다다르는 통로 사이에 단차가 있을 경우 단차가 있는 곳까지 장애우가 접근할 수 있는 연결 통로를 마련해야 한다. 그러나 완화 규정이 적용되었을 경우 항상 사용할 수 있는 승강 장치를 내부에 설치할 수 있다. 단, 이 경우는 기존 건물에 한하여 적용하고 신축건물에서는 허용되지 않는다.

완화 규정에 따라 설치하는 완강 장치는 기존 건물에 한해서만 허용된다.

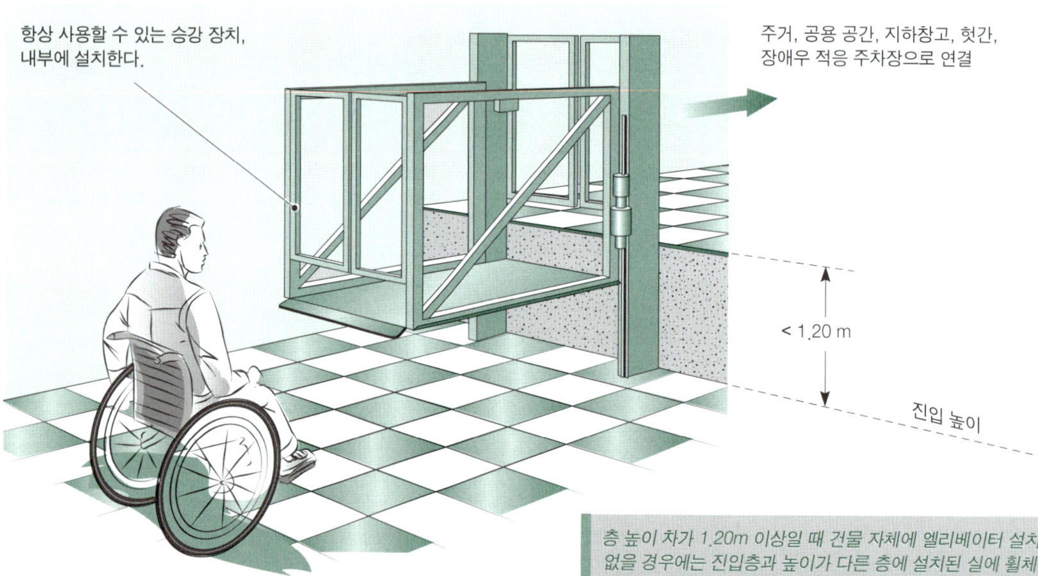

층 높이 차가 1.20m 이상일 때 건물 자체에 엘리베이터 설치 의무가 없을 경우에는 진입층과 높이가 다른 층에 설치된 실에 휠체어를 탄 사람에게 접근 가능하도록 하는 시설 설치의무는 없다.

2006년 8월 1일 개정명령 제 4조, 9조(집합주택BHC), 21조(단독주택MI)

참조법령

집합주택BHC과 단독주택MI 호출 장치 설치

- 《이용 여유 공간》은 집합주택BHC나 개인주택 공용 공간에 있는 모든 설비와 시설물 설치가 법적 의무사항이다.

- 위 설비와 시설물을 전용 조명이나 시각적 대비를 통해 식별할 수 있어야 한다.

건물 내 재난 대피 안전시설과 관련 있는 설비는 위 의무 조항의 저촉을 받지 않는다.

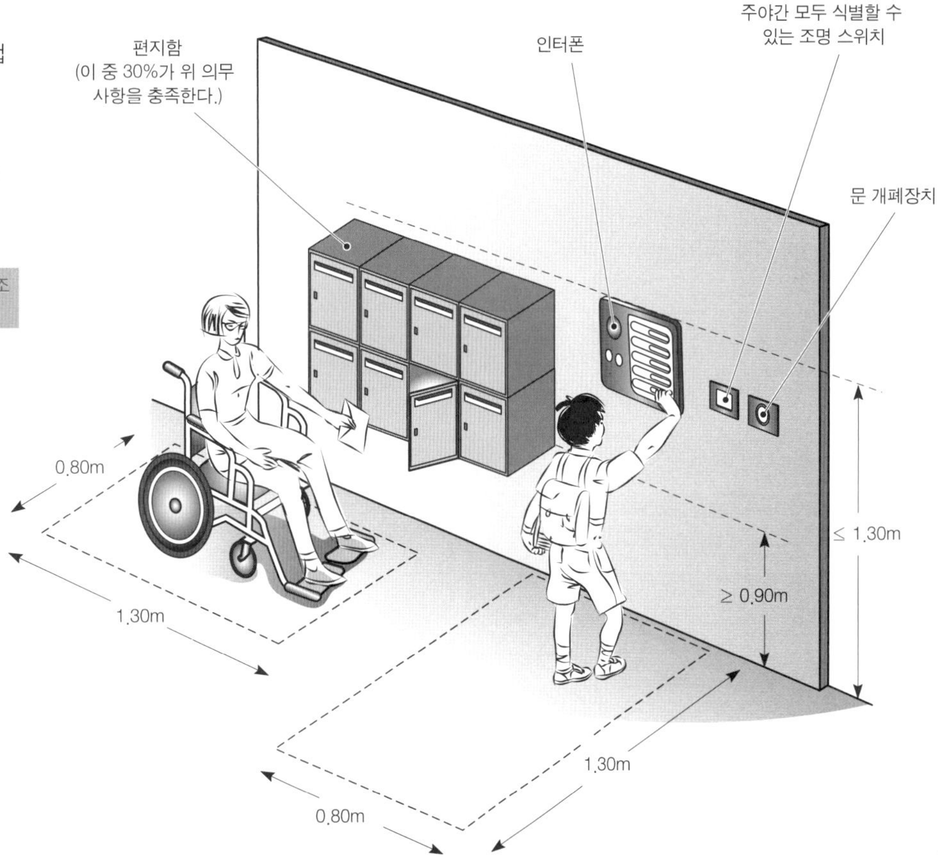

7.5 집합주택BHC과 단독주택MI 공용 공간 적용 규정

2006.8.1 개정명령 제8조와 10조(집하주택), 20조(단독주택MI)
2007.2.26 명령 제 4조
참조법령

- 이 규정은 특히 쓰레기 하치장, 오물 적치장, 자전거 보관 장소와 주민 집회 장소에 해당한다.
- 문턱 돌출부는 2cm 이하
- 문손잡이는 공용 공간으로 통하는 문 앞뒤에 설치하여야 한다.

이 규정은 내부에 있는 문에도 적용한다.[도판5.3~5.6]

100 lux
[도판 5.35]

- 통행자 인식 장치를 설치할 경우 한 지역에서 다음 지역으로 이동할 때 소등 영역이 없도록 겹쳐 설치하여야 한다.
- 조명이 자동 점멸식일 경우 소등이 점차적이어야 한다.

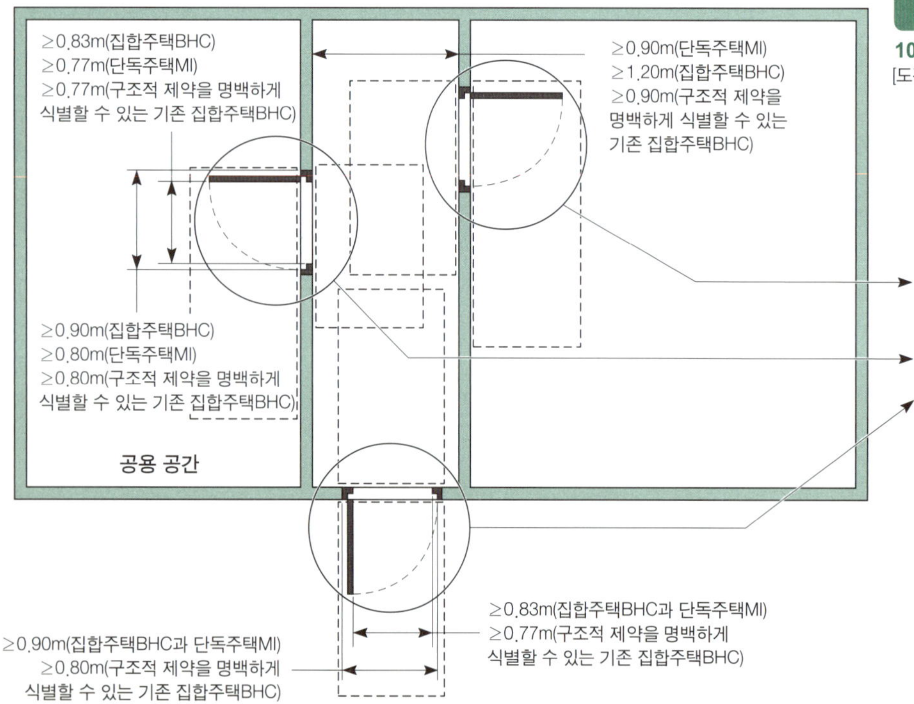

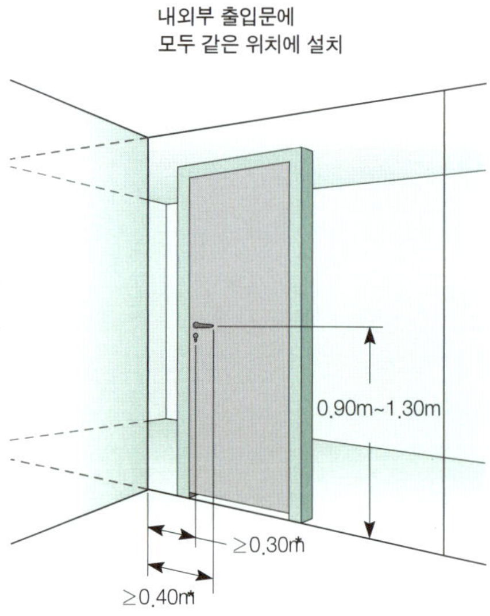

* 명백히 식별할 수 있는 구조적 제약이 있을 경우 기존 집합주택BHC에서는 강제규정 아님

집합주택BHC의 지하창고 및 지하저장실 적용규정

주거에 헛간이나 지하 창고가 있을 경우 이들 장소에 장애우가 접근할 수 있어야 한다.

만일 엘리베이터 설치가 의무사항이 아닌 건물에 지하 창고가 있을 경우:

- 지층에 거주세대가 없을 경우 지하층에 장애우가 접근할 수 있는 시설이 없어도 된다. 왜냐하면 이미 건물 자체에 휠체어를 탄 사람이 접근할 수 없기 때문이다.)
- 지층에 거주세대가 있을 경우 지층 주거는 장애우 접근이 가능한 창고를 지층에 갖추고 있어야 한다. 이 창고는 건물에 포함되거나 되지 않을 수 있다. 윗층 주거 창고는 지하층에 위치할 수 있다.

여러 채 무리지어 있는 지하창고나 헛간이 공공 통로에서 장애우 접근이 가능하도록 되어있을 경우 아래 사항에 대하여 공용 공간과 같은 규정을 적용한다.

- 통행너비(공공통로일 경우 1.20m)
- 공용 부분으로부터 도달하는 손잡이 설치와 용도 및 공용 부분과 지하 창고 내부 사이 조작반
- 조작 여유 공간(공공 통행 부분에서 지하 창고로 들어가는 문에만 적용)

주거에서 들어가는 개인 지하 창고나 헛간도 주거 건물과 같은 규정에 따라야 한다.(2006.8.1 개정명령 제11, 13조[도판 7.7~7.10]

7.7 주거 건물 일반 적용 기본 지표 : 치수

2006년 8월 1일 개정명령 제 11조(집합주택BHC), 23조(단독주택MI)

참조법령

- 이 기본지표는 모든 수준의 주택과 아파트에서 준수하여야 한다.
- 문지방 돌출은 피해야 한다.
- 위 사항을 피할 수 없을 때는 최대 2cm를 넘지 말아야 하고 모서리는 둥글게 마감하거나 빗면 처리해야 한다.

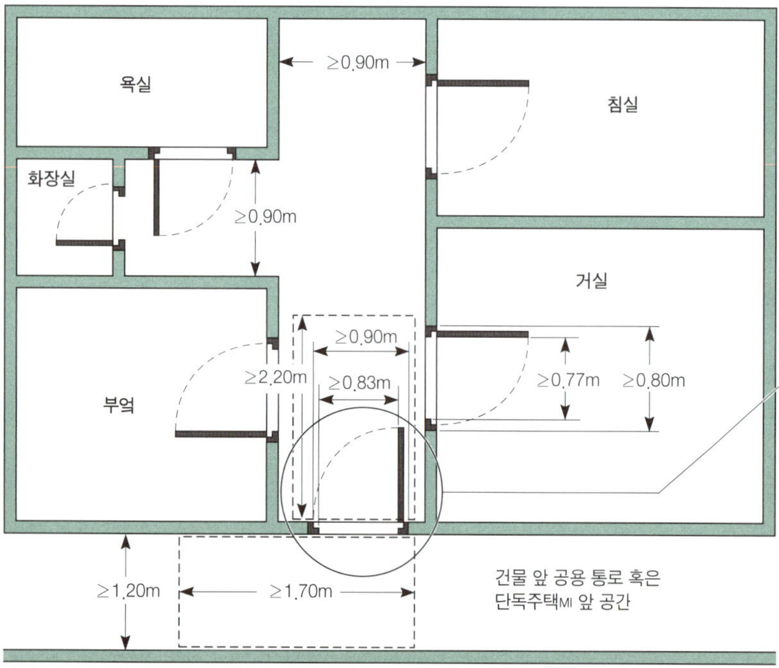

주거 내 외부에 동일한 위치에 설치한다.

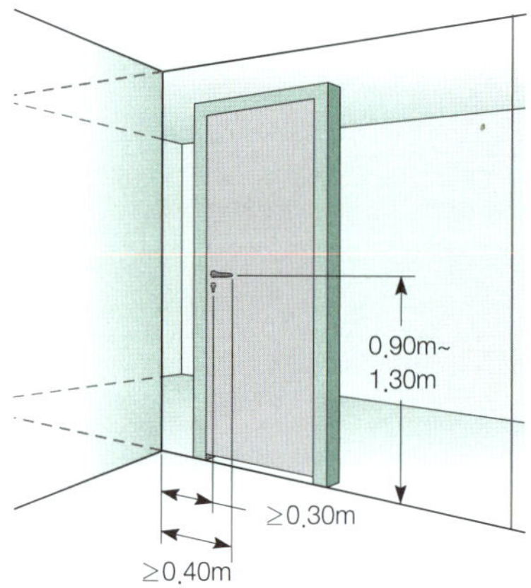

두짝문일 경우 두 번째 문짝의 잠금은 휠체어에 앉은 사람이 조작할 수 있어야 한다.

헛간이나 지하창고 문 폭은 0.80m 이상이어야 한다.

주거 출입문은 이용 조작 공간 안쪽으로 열리는 것이 허용된다.

주거 건물 일반 적용 기본 지표 : 호출 장치 접근성

• 장치 배치는 다음과 같아야 한다.
- 앉거나 서서 조작할 수 있어야 한다.
- 높이가 0.90m 와 1.30m 사이에 있어야 한다.
• 각 방 입구에 조명장치 스위치가 0.90~1.30m 높이 사이에 설치하여야 한다.
• 이 설치 위치는 다음 사항을 포함하여 모든 경우에 적용하여야 한다.
- 비상 정지 장치
- 창문과 창문 겸용 문 조작 장치
- 내부에서 조작하는 외부 차폐 장치

위 준수 사항은 다음 사항에도 적용한다.
- 조명 조작반 스위치
- 주변 온도 조절기(온도 조절기가 장치 내부에 들어있고 그 장치가 창틀 흉벽에 설치되어 있을 경우 높이는 0.90m 이하)
- 수동 혹은 자동으로 내부에서 조작하는 외부 덧문 셔터(여닫이식 덧문일지라도 휠체어에 앉은 사람이 내부에서 조작할 수 있도록 설치 권장)
부엌 창문도 장애우가 접근 조작할 수 있어야 한다. (따라서 부엌 창문에도 위 규정을 적용해야 한다.)
반면 고창은 위 규정 적용에서 제외한다(단, 창 디딤판에 여유가 있고 조작반에 장애우가 접근할 수 있는 경우는 예외이다.).

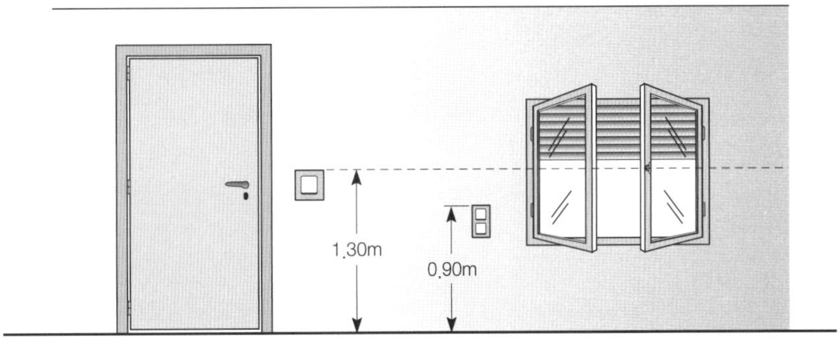

7.9 주거 건물 일반 적용 기본 지표 : 제반 전기장치의 높이와 배치

2006년 8월 1일 개정명령 제 11조(집합주택BHC), 23조(단독주택MI)
도시주택건설국DGUHC 회람 n° 2007-53
참조법령

이 규정은 다음 사항에 적용한다.
- 전력 공급 콘센트
- 안테나 단자
- 전화 단자
- 규정에 따라야 하는 모든 배선 연결

조작반 설치높이

비상 전력 공급 차단기(가입식 자동 차단기)은 건물 내부에 있어야 하고 높이 0.90~1.30m 사이에 있어야 한다.(기숙 시설 포함) 다른 전기 조작반은 0.75m~1.30m 사이에 있어도 된다.

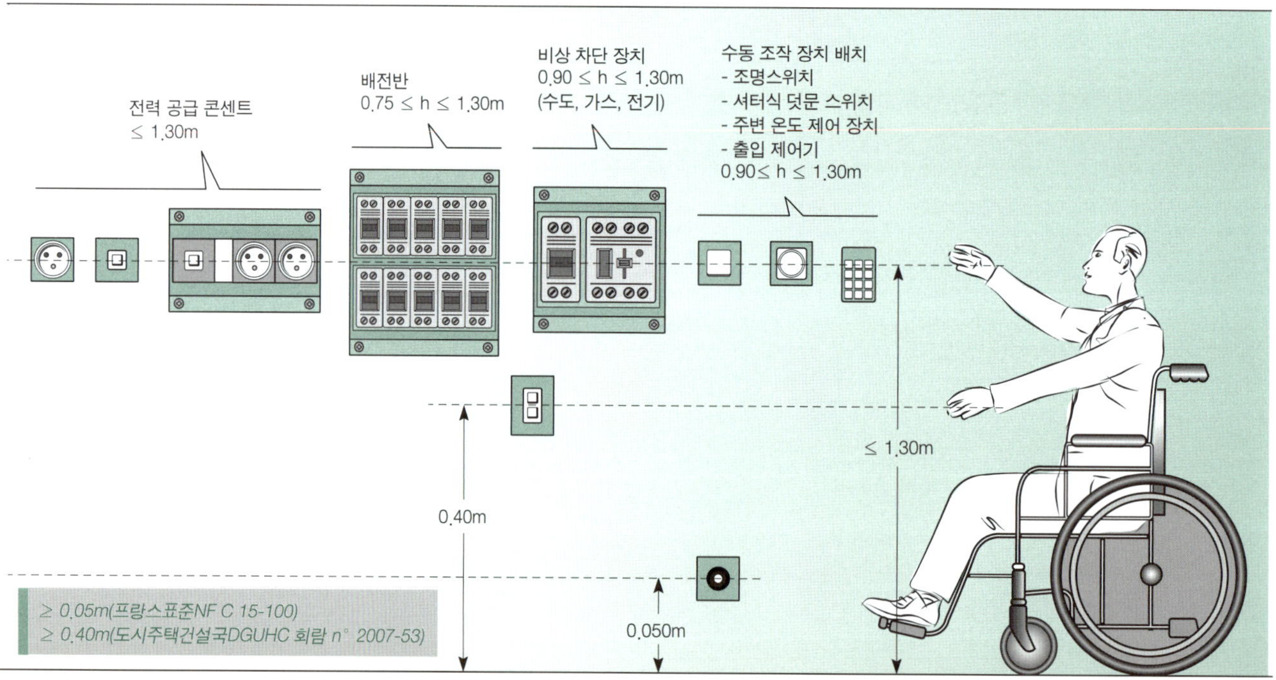

≥ 0.05m(프랑스표준NF C 15-100)
≥ 0.40m(도시주택건설국DGUHC 회람 n° 2007-53)

참조법령

2006년 8월 1일 개정명령 제 11조(집합주택BHC), 23조(단독주택MI)
프랑스표준NF C15-100, 해설 도판 F 10

주거 건물 일반 적용 기본 지표 : 각 방 출입구 조명 스위치

모든 주거에서 조명 스위치는 각 생활 단위실의 주 출입구 한 군데에만 설치하는 것이 아니라 방 입구 안쪽에 설치하여야 한다.

욕조나 샤워 시설이 있는 장소에서는 부피에 관련된 규정을 준수하도록 수동 스위치를 방 외부에 설치할 수 있다(규정 부피 3이나 규정 부피 외 규격으로 된 조명 스위치).

7.11 단독주택MI과 기타주거 : 생활 단위실의 정의

2006.8.1 개정명령 제 13조(집합주택BHC)과 24조(단독주택MI)

참조법령

• 이 규정은 모든 단독주택MI과 기타 모든 주거에 있는 아래 각 장소에서 다음 각 호에 적용한다.
- 지층에 있는 주거
- 엘리베이터로 도달하는 주거
- 엘리베이터로 도달할 가능성이 있는 주거

생활 단위실	1개층으로 된 주거나 단독주택MI	스튜디오	여러 층으로 된 주거 건물 중 출입층에 있는 주거	여러 층으로 된 단독주택MI
거실	×	×	×	×
부엌	×	부엌으로 조성된 부분	×	× (1)
침실	×	침실로 조성된 부분	침실 혹은 방으로 조성될 수 있는 부분 (1)	
물 사용실	×	×		
화장실	×	×		x 화장대와 함께 (2)

(1) 수면을 취할 수 있도록 공간은 규모 규정에 부응하고 거실 나머지 부분은 식당 기능을 할 수 있는지 주의하여야 한다.
(2) 화장대는 화장을 위한 것으로 손 씻기 등은 금지된다. 화장대는 화장실 변기 수평 사용 공간을 침범하면 안 된다.

• 휠체어에 앉은 사람은 :
- 생활 단위실로 통하는 모든 내부 통로를 지날 수 있어야 한다.
- 생활 단위실인 모든 방에 들어갈 수 있어야 한다.

이를 위하여 다음 너비:
- L1 : 복도1 폭
- L2 : 복도2 폭(복도1에 수직)
- Lp : 문 너비
들은 다음 조건을 충족하여야 한다.
$L1+L2 \geq 2m$
$L1+Lp \geq 2m$.

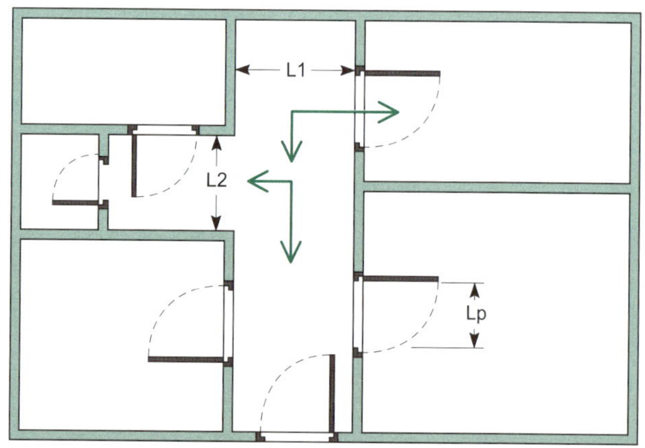

단독주택MI과 기타주거 : 부엌

• 다음 사항은 단독주택MI과 모든 기타 주거에 있는 아래 각 장소에 적용한다.
- 지층
- 엘리베이터로 도달하는 층
- 또는 엘리베이터로 도달할 가능성이 있는 장소

• 다음 사항은 또한 스튜디오(1실 주택)에서 부엌공간으로 마련된 장소에도 적용한다.

• 다음 부엌 취사 시설 및 설비(개수대, 세탁기, 식기세척기, 조리 불판, 화덕(레인지), 냉장고)와 문 열리는 여유 공간 사이에 1.50m 이상 거리를 확보해야 한다.

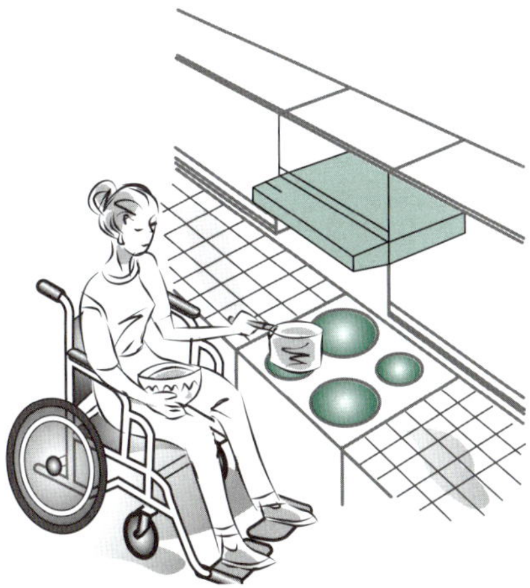

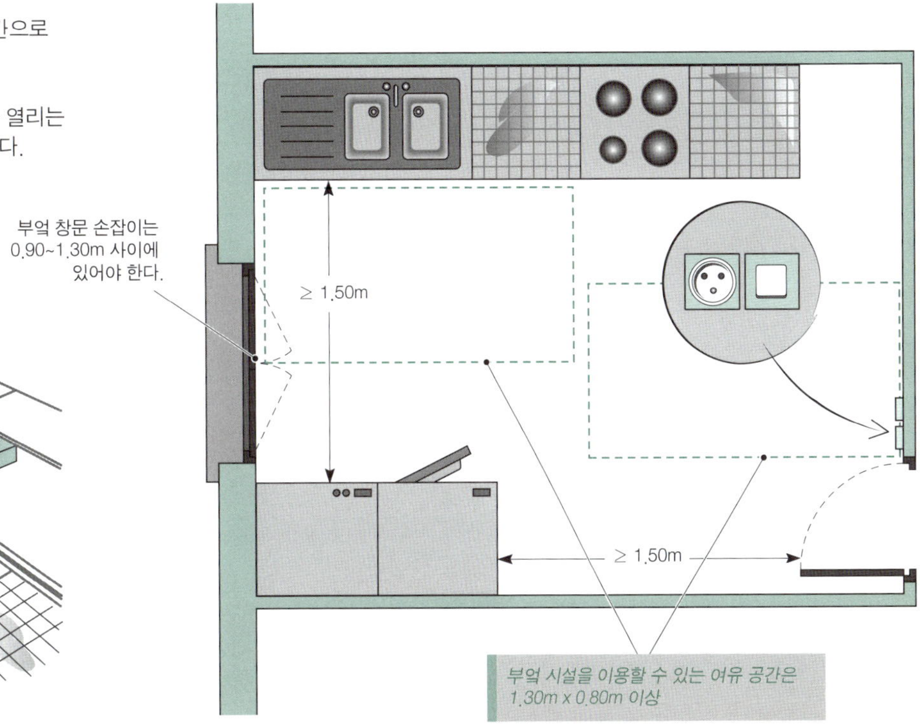

7.13 단독주택MI과 기타주거: 침실

2006년 8월 1일 개정명령 제 13조(집합주택BHC), 24조(단독주택MI)

참조법령

- 다음 사항은 단독주택MI과 모든 기타주거에 있는 각 장소에 적용한다.
  - 지층
  - 엘리베이터로 도달하는 층
  - 엘리베이터로 도달할 가능성이 있는 장소

- 침실에는 문 열리는 여유 공간이나 모든 장애물, 모든 가구(침대 머리 테이블이나 침대 머리에 고정된 가구 제외) 밖에 행동이 자유로운 공간을 마련하여야 한다.

- 벽장문이나 창문짝 또는 창문 겸용 문짝은 이 여유 공간의 안으로 열릴 수 있다.

침실창은 앉은 위치에서 밖을 내려다 볼 수 있도록 하는 것을 권장한다. (유리상력, 두시힁 난간 등)

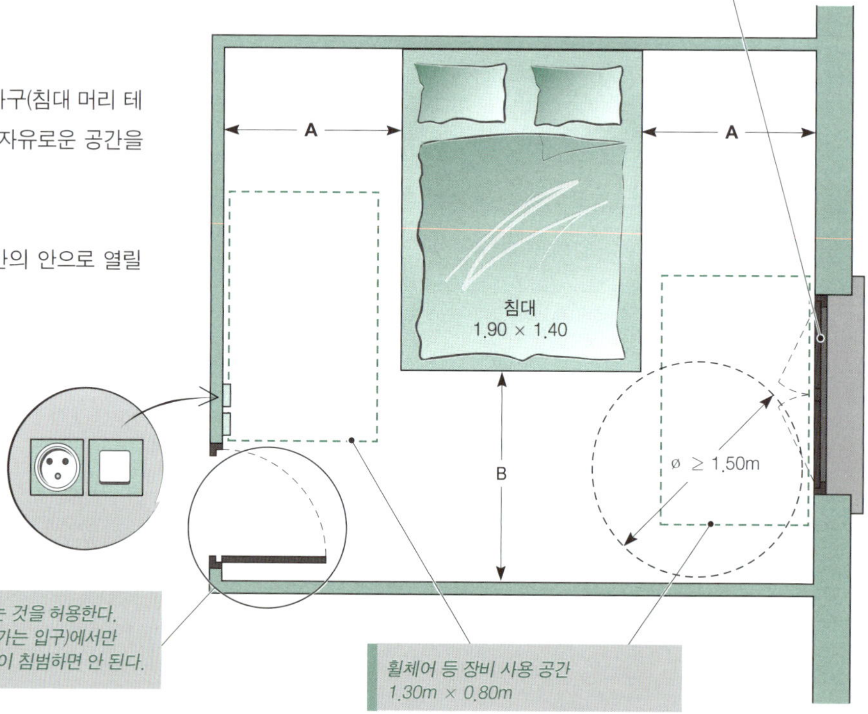

해결1 : A≥0,90m, B≥1,20m
해결2 : A≥1,20m, B≥0,90m
스튜디오나 1실 아파트에서는 침대 한 쪽에만 자유 통행로를 설치하는 것이 허용된다.

문 열림 공간은 통행로가 수직으로 만나 겹치는 곳에 설치하는 것을 허용한다. 그러나 이 완화 규정은 내부문(예를 들어 방에서 욕실로 들어가는 입구)에서만 허용된다. 반대로 지금 1,50m 회전 반경 범위에서 개폐 문짝이 침범하면 안 된다.

휠체어 등 장비 사용 공간 1,30m × 0,80m

2006년 8월 1일 개정명령 제13조(집합주택BHC), 24조(단독주택MI)

참조법령

단독주택MI과 기타주거 : 물 사용실

• 다음 사항은 단독주택MI과 기타 모든 주거에 있는 아래 각 장소에 적용한다.

- 지층
- 엘리베이터로 도달하는 층
- 엘리베이터로 도달할 가능성이 있는 장소

• 반회전을 할 수 있는 지름 1.50m 장소가 출입문이나 물 사용실 고정설비(샤워, 욕조, 세면대, 비데, 변좌기, 세탁기 등)의 문 열리는 여유 공간 범위 밖에 있어야 한다.

턱이 없는 이탈리아식 샤워와 바닥에 돌출물이 없는 세면기는 180° 회전 조작 공간을 침범할 수 있다.

턱이 없는 이탈리아식 샤워와 바닥에 돌출물이 없는 세면기는 180° 회전 조작 공간을 침범할 수 있다.

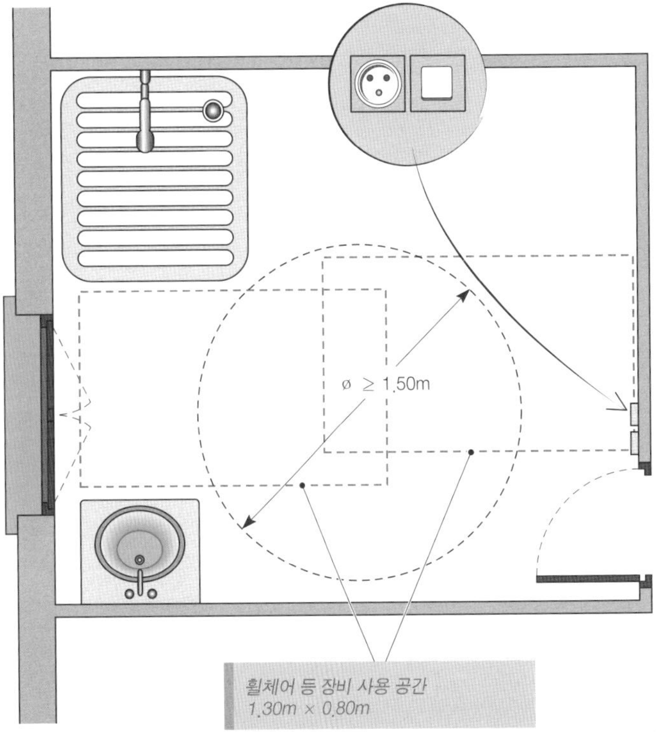

휠체어 등 장비 사용 공간
1.30m × 0.80m

7.15 단독주택MI과 기타주거 : 물 사용실의 장애우 적응성

건설 및 주택법CCH 111-18-2 2006년 8월 1일 개정명령 제15조(집합주택BHC)과 27조(단독주택MI)

참조법령

• 다음 사항은 단독주택MI과 기타 모든 주거에 있는 아래 각 장소에 적용한다.

- 지층
- 엘리베이터로 도달하는 층
- 엘리베이터로 도달할 가능성이 있는 장소

• 이들 주거에서는 적어도 물 사용실 1개소 이상을 나중에 구조부를 변경하지 않고 장애우 적응 시설로 고칠 수 있도록 설치하여야 한다.

바닥깔개, 수전, 헤어드라이어, 거울, 문 잠금장치 등 설비에 앉은 채 접근할 수 있어야 한다.

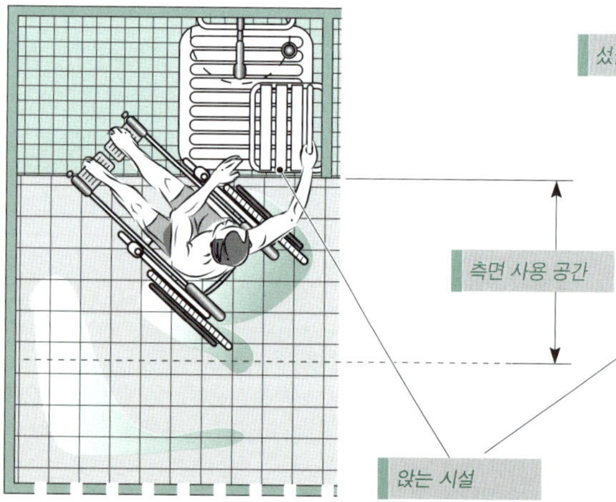

설치 예

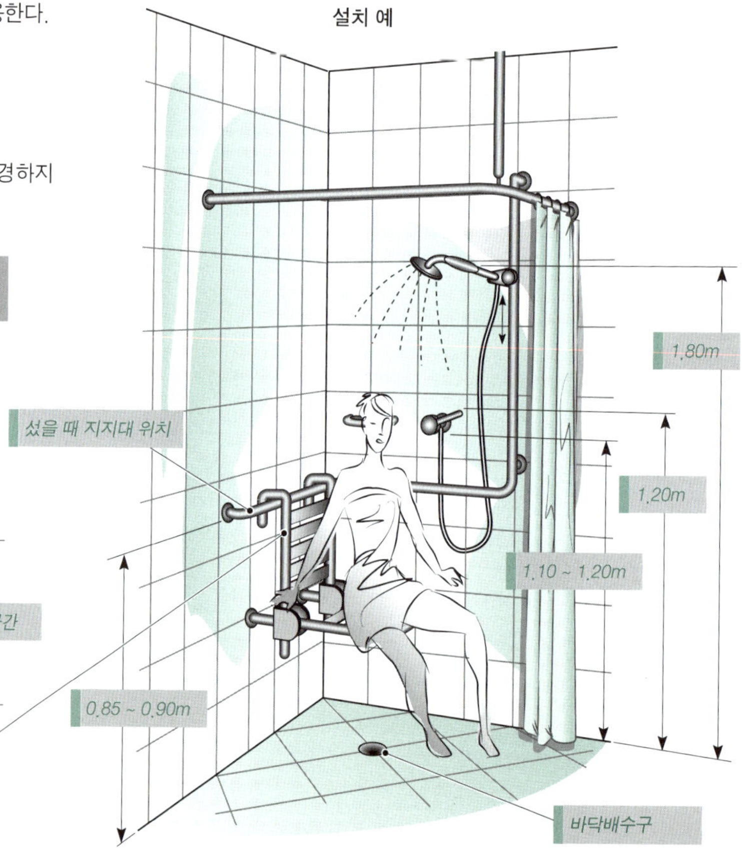

2006년 8월 1일 개정명령 제 13조(집합주택BHC)과 24조(단독주택MI)

참조법령

단독주택MI과 기타주거 : 화장실

• 다음 사항은 단독주택MI과 기타 모든 주거에 있는 아래 각 장소에 적용한다.

- 지층
- 엘리베이터로 도달하는 층
- 엘리베이터로 도달할 가능성이 있는 장소

• 좌변기와 출입문과 제 기능 공간 설치 위치는 휠체어에 앉은 사람이 각 기능 공간에 어려움 없이 도달할 수 있도록 배치하여야 한다.

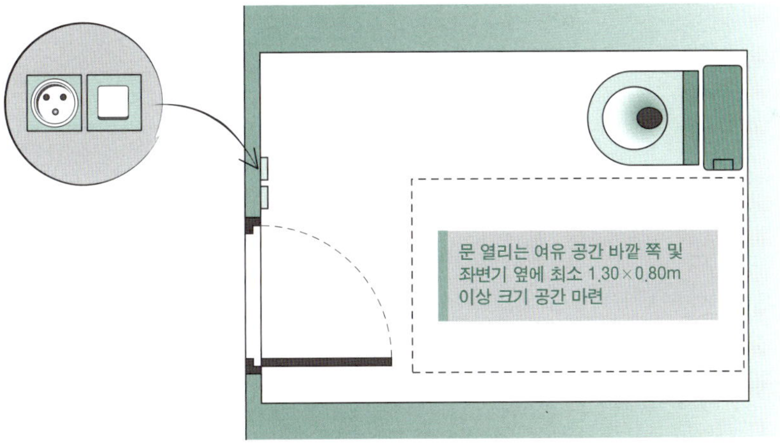

2006년 8월 1일 개정명령 제 13조(집합주택BHC)와 24조(단독주택MI)
도시주택건설국DGUHC 회람 n° 2007-53
참조법령

7.17 단독주택MI과 기타주거 : 좌변기실의 해체 가능한 간막이

• 다음 사항은 단독주택MI과 기타 모든 주거에 있는 아래 각 장소에 적용한다.

- 지층
- 엘리베이터로 도달하는 층
- 엘리베이터로 도달할 가능성이 있는 장소

• 좌변기 옆 공간은 필요시 간단한 공사를 통하여 좌변기실 공간으로 통합할 수 있다.

이 의무 규정은 변기실과 물 사용 사이 간막이를 철거할 필요를 유의할 것.

모든 경우에 문짝을 추후 공사 후 휠체어가 출입할 수 있도록 설치할 수 있는지 확인해야 한다(문짝 위치 변경은 간단한 공사에 해당하지 아니한다).

원래 좌변기가 물 사용실에 포함되어 있었을 경우, 각 사용공간과 조작공간이 겹치게 할 수 있다.

간막이 예1
원래 간막이가 화장실 내부에 있었던 경우. 준공 시 철거 가능한 옷장 등으로 간주되었을 것이다. 이 경우 간단한 공사를 통하여 사용 공간이 다시 화장실 공간에 재통합될 수 있다.

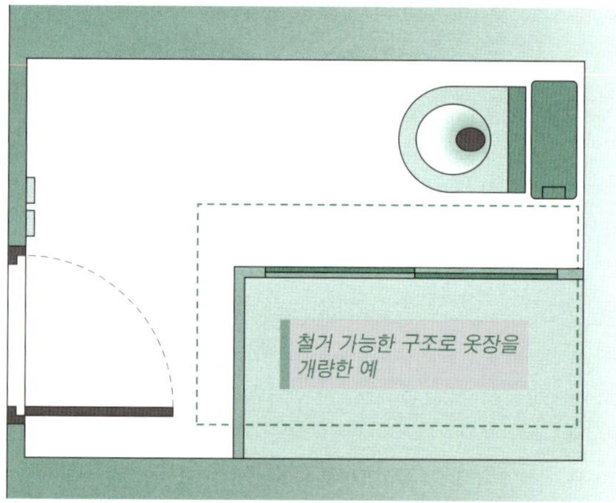

간막이 예2

원래 사용공간이 좌변기실 옆방에 있었던 경우 :

이 간막이는 다음 조건을 충족하여야 한다.

- 쉽게 해체할 수 있어야 한다.
- 다른 어떠한 부분도 받치고 있어서는 안 된다.
- 바닥 마감재나 유사한 것 위에 설치되어 있거나 두 실에 걸쳐 연속되어서는 안 된다.

원래부터 벽면 마감이 연속되어 있도록 보장되어야 한다.

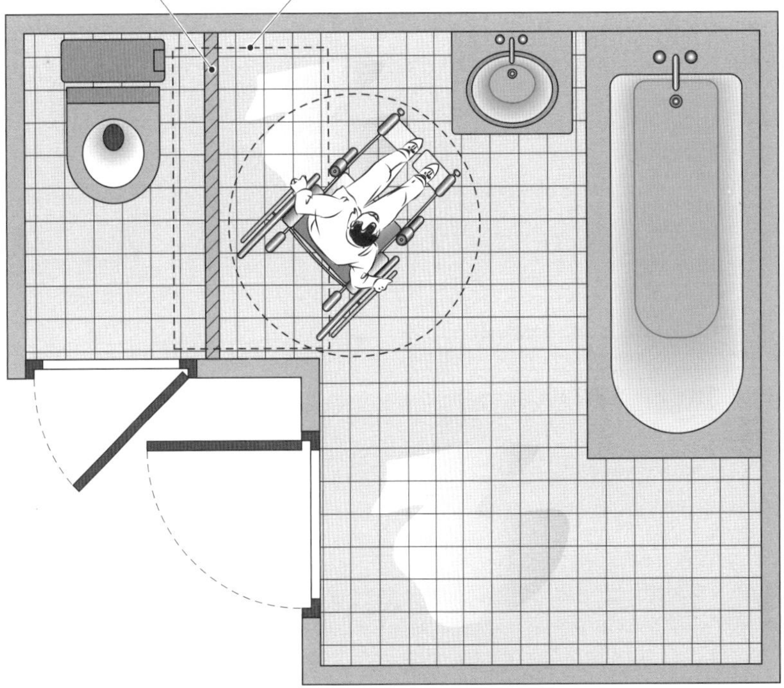

7.18 단독주택MI과 특정주거 : 전기 콘센트와 조명 스위치

2006년 8월 1일 개정명령 제 13조(집합주택BHC)와 24조(단독주택MI)
프랑스표준NF C 15-100, 해설도판 F 10
참조법령

• 다음 사항은 단독주택MI과 기타 모든 주거에 있는 아래 각 장소에 적용한다.

- 지층
- 엘리베이터로 도달하는 층
- 엘리베이터로 도달할 가능성이 있는 장소

• 전기 콘센트는 모든 생활실마다 입구에 조명 스위치 가까이 설치하여야 한다.

욕실에서 전기 스위치는 의무적으로 방 안에 볼륨 3 규격 혹은 규격 외로 높이 0.90~1.30m 내에 설치하여야 한다. 만일 조명 스위치가 실 내부에 설치되어 있지 않은 경우에도 전기 안전 규격을 준수하여야 한다.

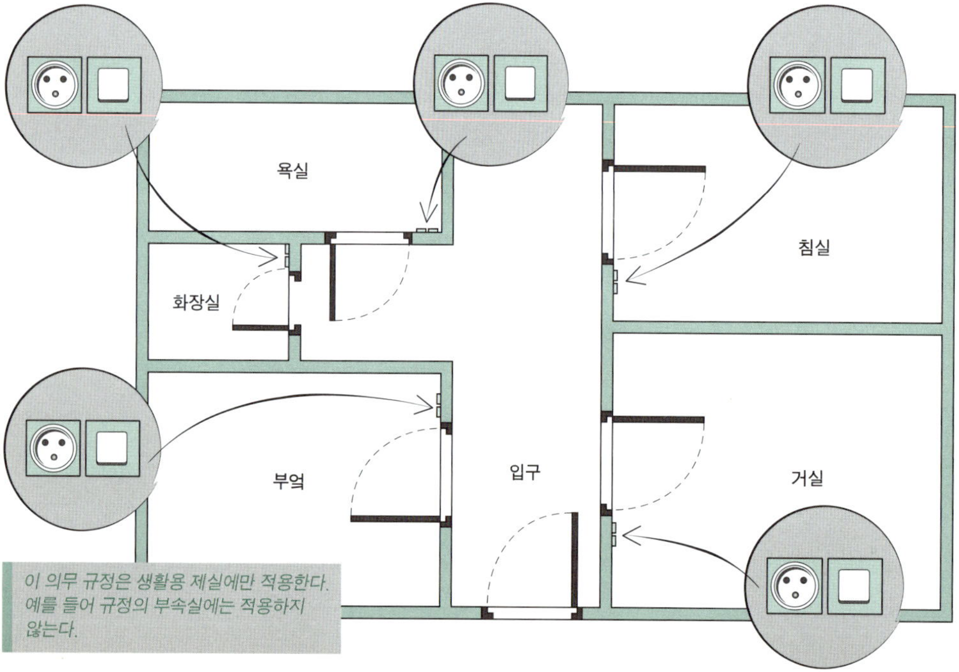

이 의무 규정은 생활용 제실에만 적용한다. 예를 들어 규정의 부속실에는 적용하지 않는다.

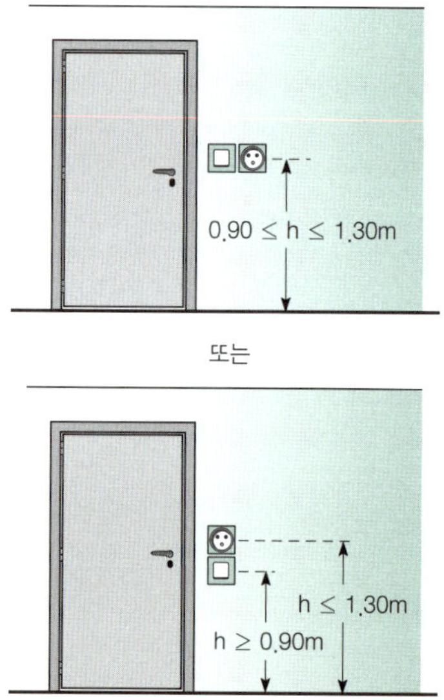

이 배치는 부엌광 같은 곳에는 적용하지 않는다.

단독주택MI과 기타주거 : 발코니, 테라스, 로지아(외랑) 출입

다음 사항은 2008년 1월 1일부터 건축허가서가 제출된 단독주택MI과 기타주거에 적용한다.

해당 발코니

이들 규정은
- 너비 0.60m 이상이고
- 지층에서 접근할 수 있는 주거에 위치해 있거나 엘리베이터로 도달하거나 도달할 가능성이 있는 경우에 적용한다.

출입 위치 개수

생활공간 1개소 당 최소 1개 이상 설치하여야 한다.

다음 의무사항은 생활제실(거실, 침실)에서 발코니 접근이 가능하도록 준수하여야 한다.
- 만일 침실과 거실에 각각 발코니가 달려 있을 경우 둘 다 장애우 접근성이 있어야 한다.
- 만일 침실과 거실에 발코니가 한 개만 달려 있을 경우 출입구는 한 개만 있으면 된다.
- 만일 발코니 출입로가 부엌 쪽에 1개만 있을 경우 장애우 접근성 충족이 의무 사항은 아니다.
- 건설 및 주택법CCH R.111-18-2에서 규정하는 생활 제실이 아닌 곳에 연결되어 있는 발코니는 그 발코니가 붙어 있는 각 실에서부터 장애우 접근이 가능해야 한다(발코니가 다른 생활공간과 공유되지 않을 경우).

발코니로 접근할 수 없는 각 생활 제실은 앉은 자세에서 외부 경관이 보이도록 할 것을 권장한다.

특성

- 출입구 폭 0.80m 이상
- 문턱 높이 2cm 이하
- 물막이턱 높이는 물을 막는데 필요한 기술 규정이 허용하는 최소 크기로 한다.
- 외부 단차를 최소화하기 위하여 준공 시부터 크기로 한다. 받침목이나 경사판 혹은 이와 동등한 것을 설치할 수 있다.
- 보호 난간 높이는 접근 가능한 표면부터 측정한다.

발코니 접근을 보장하기 위해서 다음 사항을 확보해야 한다.
- 문 열리는 여유 공간 앞에 있는 턱을 제거하여 이쪽에서 저쪽으로 넘어갈 수 있게 한다.
- 발코니 바닥은 이동 통로 바닥에 의무화된 사항과 동일하게 접근 가능해야 한다.

문턱 처리 사례

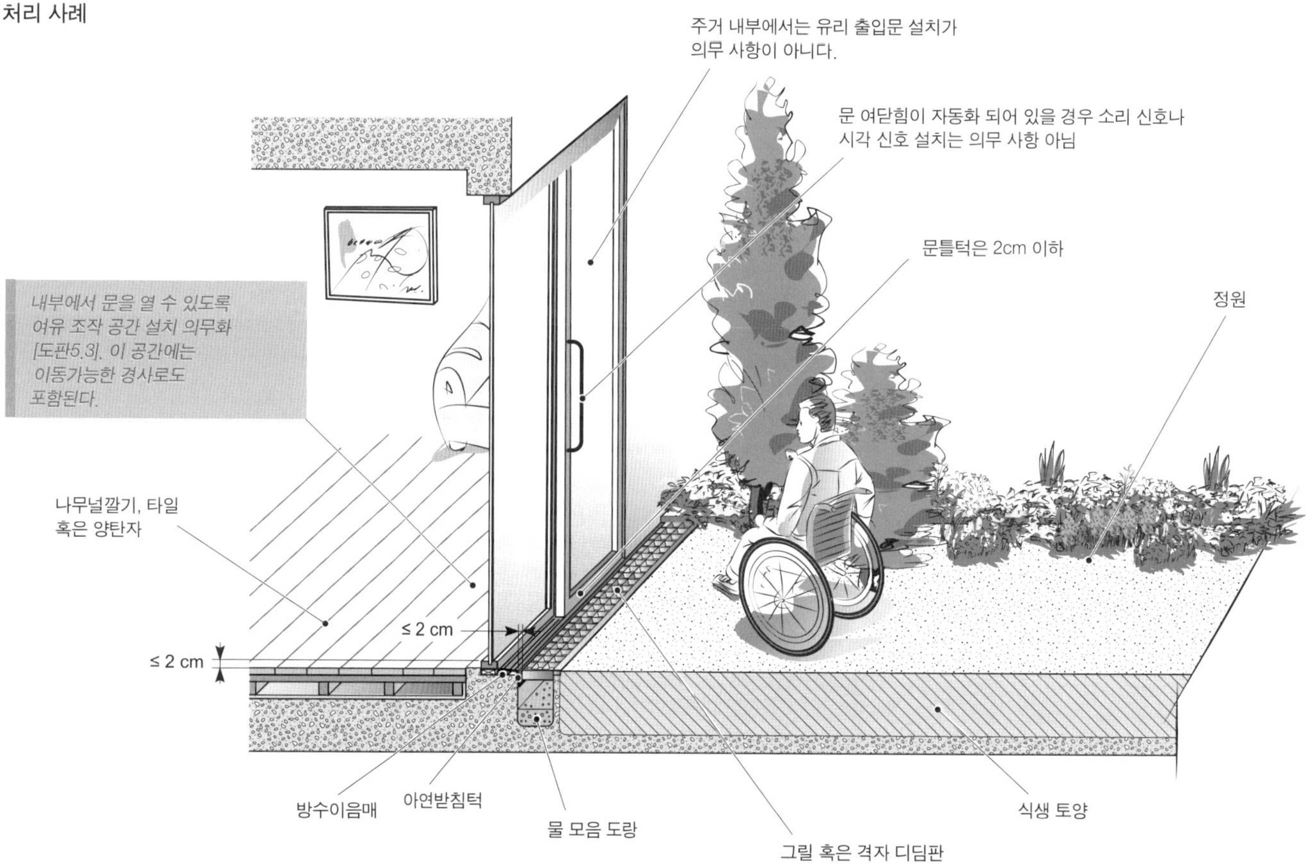
주거 내부에서는 유리 출입문 설치가
의무 사항이 아니다.
문 여닫힘이 자동화 되어 있을 경우 소리 신호나
시각 신호 설치는 의무 사항 아님
문틀턱은 2cm 이하
정원
내부에서 문을 열 수 있도록
여유 조작 공간 설치 의무화
[도판5.3]. 이 공간에는
이동가능한 경사로도
포함된다.
나무널깔기, 타일
혹은 양탄자
≤ 2 cm
≤ 2 cm
방수이음매
아연받침턱
물 모음 도랑
그릴 혹은 격자 디딤판
식생 토양

문턱 처리 사례

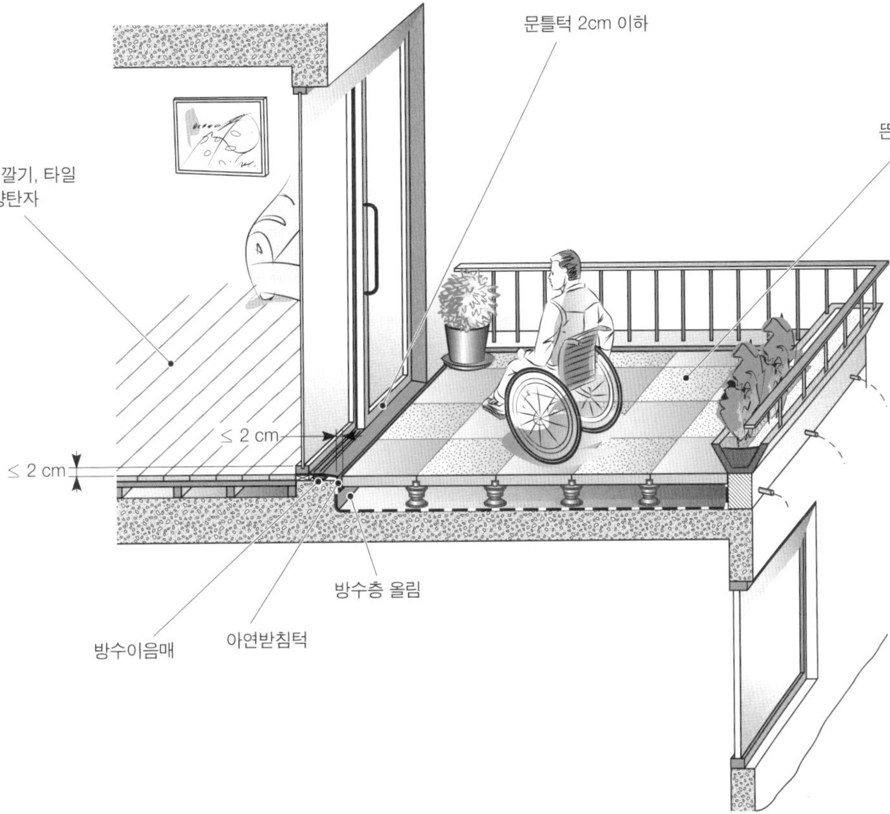

7.20 단독주택MI과 기타주거 : 발코니, 로지아(외랑) 해결 사례

발코니, 로지아, 테라스가이드북, 도시주택건설국DGUHC

참조법령

CSTB(건축물 과학 기술 센터)가 작성한 안내서 「발코니, 로지아 장애우 접근성 건설 원칙」을 정부가 인터넷 사이트 www.logement.gouv.fr에 디지털 정보화하여 올려놓았다.

이 자료에는 발코니 장애우 적응성을 실현시킬 때 필요한 몇몇 해결책이 수록되어 있다.

이 해결책을 채택할 경우 구조적 안정성, 입면이나 발코니 방수성, 단열성 등 다른 기술 규정들도 함께 고려하여야 한다.

본문 내용에 따르면 내부 공간 쪽 장애우 접근성 선택을 설계자가 각 사용 용도에 맞추어 자유재량으로 선택하도록 맡겨져 있다.

외부 쪽에서는 기울어진 바닥판은 금지한다.

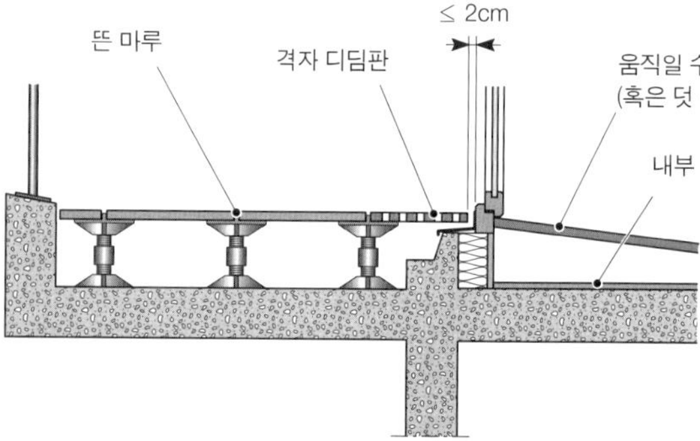

현장 타설 자재 위에 문틀을 설치한 경우
(발코니에 방수 처리하지 않음)

권장하지 않는 해결책(바닥판 밑에 물이 고여 있을 위험성이 있다.)

이 설치방법은 특히 지진대에서는 구조적 관점에서 주의 깊게 검토해야 한다.

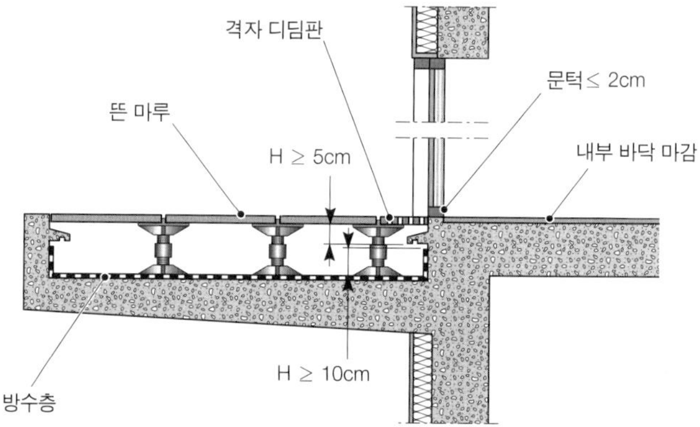

물넘침 방지 바닥 단차를 두어 방수성 확보
(방수처리한 발코니)

참고문헌 – 참고자료

저서

- 파트릭 그레삐네, 장애우 접근 가능한 건물계획, 에디씨옹 르 모니뙤르, 2008, Patrick Grépinet, Concevoir un bâtiment accessible, éd. Le Moniteur, 2008.
- 파트릭 그레삐네, 장애우 접근성 규정-공문서류 모음, 에디씨옹 르 모니뙤르, 2008, Patrick Grépinet, Réglementation accessibilité-Recueil des textes officiels, éd. Le Mooniteur, 2008.
- 루이-삐에르 그로브와, 장애와 건설, 에디씨옹 르 모니뙤르, 2008, Louis-Pierre Grosbois, Handicap et construction, éd. Le Mooniteur, 2008.
- 도미니그 포르떼, 접근성 실무, 에데씨옹 르 모니뙤르, 2008, Dominique Ferte, L'accessiblitié en pratique, éd. Le Mooniteur, 2008.
- 까뜨린느 메조뇌브, 장애 관련 법률과 지역 자치 단체, 에디씨옹 르 모니뙤르, 2008, Catherine Maisonneuve, La loi Handicap et les collectivités territoriales, éd. Le Mooniteur, 2008.
- 모두를 위한 접근 가능 공간 이해, CSTB, 2007, Concevoir des espaces accessibles à tous, CSTB, 2007.

공문 서류

- 건설 및 주택법CCH
  - art. L. 111-7-4, L. 111-23, L. 11-26, L.123-2 et L.123-4
  - art. R. 111-5, R. 111-18 , R. 1118-10, R. 111-19, R.111-19-29, R. 111-38 et R. 123-2

- 국가 원로원 포고령 2009.7.21 - 건설 및 주택법CCH R. 111-18-3, R. 111-18-7 et R. 111-19-6에서 규정했던 신축 건물 건설 시 접근성 완화 규정 삭제

- 가족 및 사회 활동법. L. 114

참고문헌 - 참고자료

• 장애인의 기회 균등, 참여와 시민권을 위한 법령 n° 2005-102, 정부 공식 회보, 2005.2.12일자

• 다중이용시설ERP과 공중개방시설IOP, 주택건물에서 접근성에 관한 규정(건설 및 주택법CCH 개정 내용), 포고 n° 2006-555, 2006.5.18

• 법령 n° 2007-1327 (2007.9.11) 공중건물과 고층건물의 안전과 접근성에 관한 법률 (도시 규칙에 따른 주택 및 기타 시설 건설법 개정, 정부신문 JO 2007.9.12일자)

• 법령 n° 2009-500 (2009.4.30) 공중건물과 주거용 건물의 접근성에 관한 법률 (정부신문 JO 2009.5.3일자)

• 법령 n° 2009-723 (2009.6.18) 기존 건물에 장애우 접근성을 위해 필요한 공사 유예에 관한 법률 (정부신문 JO 2009.6.20일자)

• 2006.8.1 포고령, 2007.11.30 포고령 개정안, 공공주택과 개인주택 건설 시 건설 및 주택법 R. 111-18항에서 R. 111-18-7항의 장애우 접근성을 위한 규정에 적용되는 제 조건과 규정 확립 (정부신문 JO 2007.12.14일자)

• 2006.8.1 포고령, 2007.11.30 포고령 개정안, 다중이용 시설과 공중시설 건설 및 용도 변경 시 장애우 접근성을 위한 규정에 적용되는 건설 및 주택법, R. 111-18에서 R. 111-18-7항의 제 조건과 규정 확정 (정부신문 JO 2007.8.24일자, 2007.12.19일자)

• 2007.1.15 포고령, 도로와 공공공간 접근성을 위한 기술 사항에 관련된 2006.12.21 법령 n° 2006-1658 적용에 관한 규정 (정부신문 JO 2007.2.3일자)

• 2007.2.26 법령, 공공주택의 접근성 관련 건설과 주택법 111-18-8항과 118-18-9항 적용 시행규칙 확정 (정부신문 JO

2007.3.8일자)

- 2007.2.26 법령, 건설 및 주택법 R. 111-18-19항에 규정한 건물 가치 결정을 위한 건설비 책정에 관한 법률 (정부신문 JO 2007.3.8일자)

- 2007.3.21 법령, 건설 및 주택법 R. 111-19-8항과 R. 111-19-11 규정 항목 중 기존 다중이용시설과 기존 공중 개방시설의 접근성에 관한 세부사항 규정 (정부신문 JO 2007.4.5일자)

- 2007.3.22 법령, 2007.12.3 법령으로 개정, 장애우 접근성 규정을 준수해야 하는 건물 관련 건설 및 주택법 R. 111-19-21과 R. 111-19-24항에 시행규칙 규정 (정부신문 JO 2007.4.5일자와 2008.2.21일자)

- 2007.3.9 법령, 건설 및 주택법 R. 111-19 적용에 관한 규정 (정부신문 JO 2007.5.13일자)

- 2007.9.11 법령, 다중이용시설 건설과 개량 및 변경 시 장애우 접근성 규정 적합성 확인에 관한 서류에 관한 규정 (정부신문 JO 2007.9.26일자)

- 2009.9.24 법령, 다중이용시설 내 재난 시 안전 제 규정 보완과 개정 관련 법령 (정부신문 JO 2009.10.23일자)

- 도시 주택 건설 본부 내부 회람 자료 n° 2007-53(2007.11.30), 2009.4.20 내부 회람 자료로 개정, 다중이용시설과 공중시설, 주거용 건물의 접근성에 관한 규정 (정부신문 JO에 발표되지 않음)

규격

- 프랑스 규격 NF C 15-100F10 (2008. 1월 - 분류번호 : C 15-100F10) : 약전시설 설치, 해석자료 F10

• 프랑스 규격 NF P 01-012 (1988. 7월 - 분류번호 : P 01-012) : 난간규격 - 경사로와 계단난간 크기 안전에 관한 규정

• 프랑스 규격 P 03-100 (1995. 9월 - 분류번호 : P 03-100) : 건설분야에서 기술적 불확실성 방제 통제에 관한 기준

• 프랑스 규격 NF EN 81-70 (2003. 9월과 2005. 8월 - 분류번호 : P 82-100) 승강기 설치와 건설관련 안전규정 - 승강기와 화물 승강기 특별 적용사항 - 70장 : 장애우 포함 모든 사람을 위한 승강기에 대한 접근성

• 프랑스 규격 NF P 98-351 (1989. 2월 - 분류번호 : P 98-351) : 진행 - 장애우 동호 - 주의 경고 - 시각 장애우를 위한 바닥 경고 장치의 발 감응 장치의 특성과 실험

기타 간행물

• 발코니, 외랑, 테라스 접근성 관련 건설 원칙 안내, 건축과학기술 연구소 CSTB, 도시 주택 건설본부 DGUHC (www.logement.gouv.fr)

색인

색인

차례

차례

차례

차례

차례

차례

MÉMENTO/COLLECTION BÂTIR et VOIR 꼴렉씨옹 바띠르 에 브아르 1

도판으로 보는

장애우 접근 시설 설계지침

2012년 5월 4일 1쇄 발행

저 자/카롤르 르 블로아스 Carole Le Bloas
역 자/김현철
펴낸이/김기현

발행처/도서출판 시공문화사(**Spacetime**)
등 록/1993년 3월 12일 제1-1493호
주 소/서울시 서대문구 독립문공원길13 극동빌딩 5층
전 화/02)3147-1212, 2323
팩 스/02)3147-2626

인 쇄/예림인쇄
제 본/(주)다인바인텍
출 력/에코프린트
용 지/(주)대림지업사

ISBN 89-5592-226-4

정가 9,500원